凝　结　光　影　之　韵

浮游花设

[日] 主妇与生活社 编　裘寻 译

長江出版傳媒　湖北科学技术出版社

目　录

Chapter 1 礼物篇

Chapter 2 季节篇

Chapter 3 动手篇

Chapter 4 美食篇

Chapter 5 美景篇

Chapter 6 色彩篇

Chapter 7 花材篇

Chapter 8 手作篇

Chapter 9 技巧与学习篇

邀请你进入浮游花的世界

透明油中的花田，

浮游花的精髓，在于它的透明感！在油的滤镜下，花材的魅力与细节尽显……

从萧瑟之冬，到乱花迷眼的春天。这份喜悦，以枝垂樱浮游花完美呈现。

1. 制作浮游花的素材不局限于花，贝壳等来自海洋的赠礼也颇具人气。若有多余的材料，不妨试着做一个相称的花环。

2. 一些以母亲节为主题的浮游花作品。送给爱花的母亲的礼物，不再是千篇一律的康乃馨了。将能长久观赏的浮游花送给她吧。

3. 制作浮游花的过程也别有意趣。方形玻璃瓶的两面，以丝带装饰，赏心悦目，可以入画。

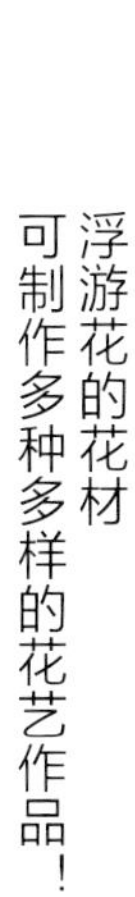

浮游花的花材 可制作多种多样的花艺作品！

浮游花的代表性花材——鲜切花和干花。左 / 随意束成的壁花，朴素而美丽。右 / 蜡香囊（详见P90），只需将花材放入熔化的蜂蜡中冷却即可。

浮游花与花艺设计的乐趣

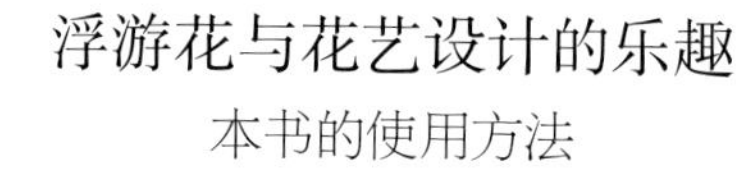

本书的使用方法

本书介绍的浮游花
以植物的花、叶、果等
有各自特色的素材为主要材料。
不似流水线生产的工艺品，
而是让同种花绽放不同风情。

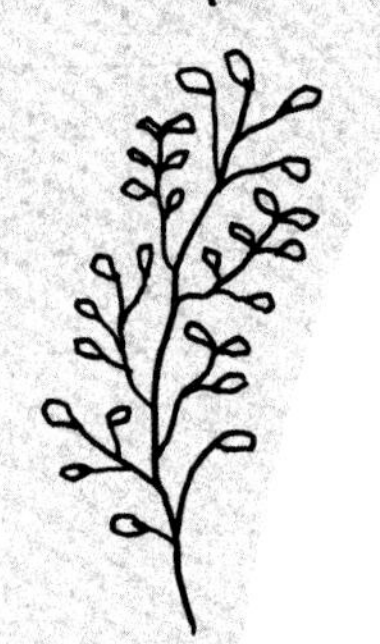

因此，即便使用了同一种花、玻璃瓶和油，
也不会做出完全一样的作品。
若是挑选乡间田野采摘的花材自制干花，
则更不必多言。

“花有百般红”——这才是以浮游花为代表的
花艺设计的有趣之处。

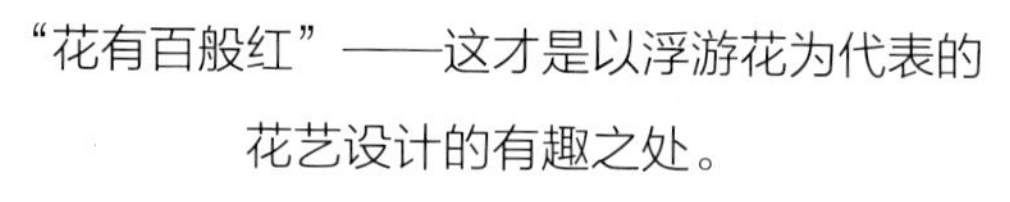

本书在详细讲解基本制作方法的同时，
也会传授一些小技巧。
还会介绍作品中使用的素材，
读者可以灵活运用到花材的搭配，
以及创作的灵感中。

若本书能让读者朋友享受浮游花
和花艺设计的乐趣，
便是万分的喜悦与荣幸。

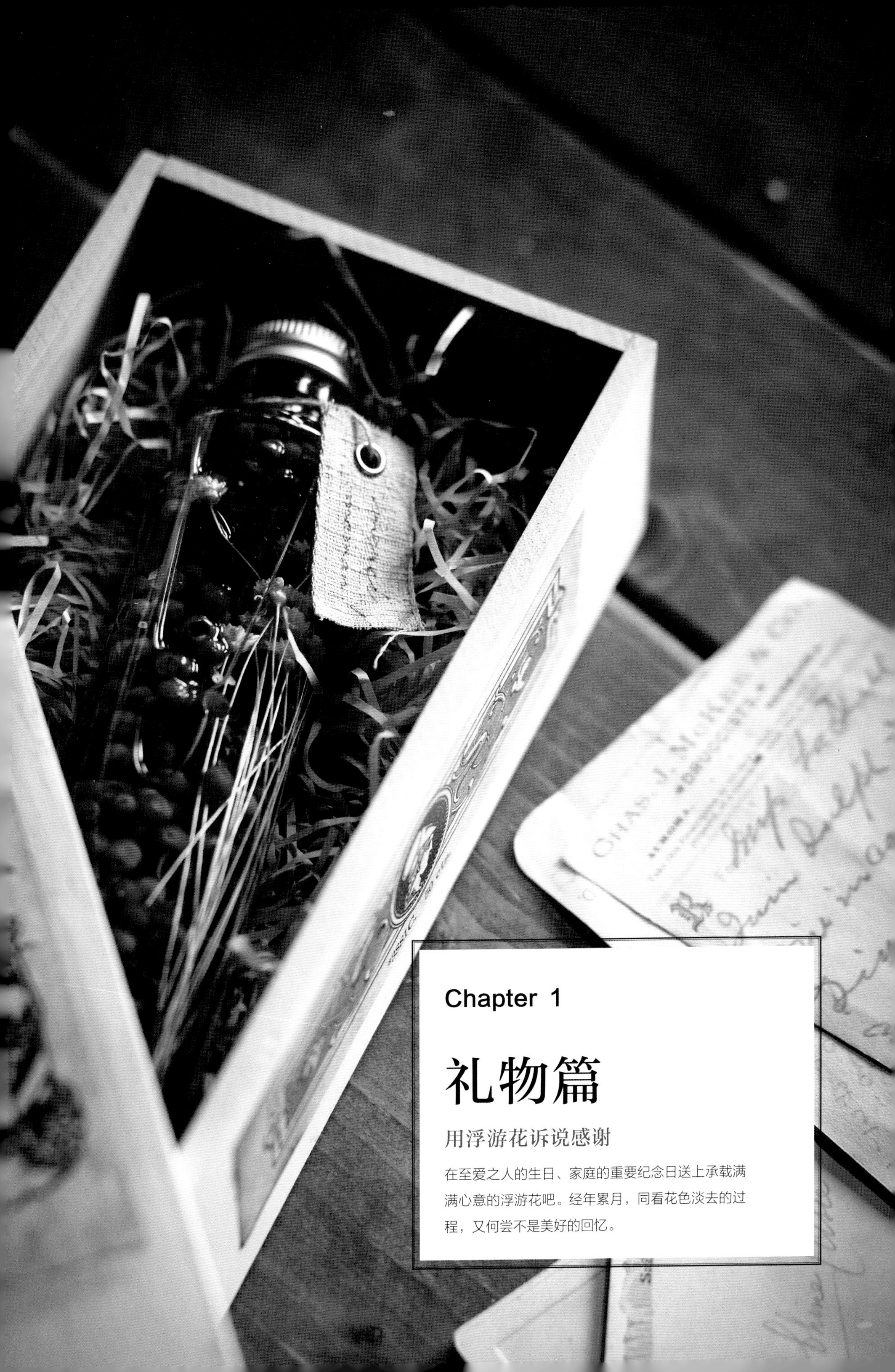

Chapter 1

礼物篇

用浮游花诉说感谢

在至爱之人的生日、家庭的重要纪念日送上承载满满心意的浮游花吧。经年累月，同看花色淡去的过程，又何尝不是美好的回忆。

Present

1

值此良辰吉日，献上由衷的祝福

将感动装入瓶中

将花束制成浮游花。随着岁月流逝而褪色的花朵，象征着幸福长久的婚姻生活。

图解

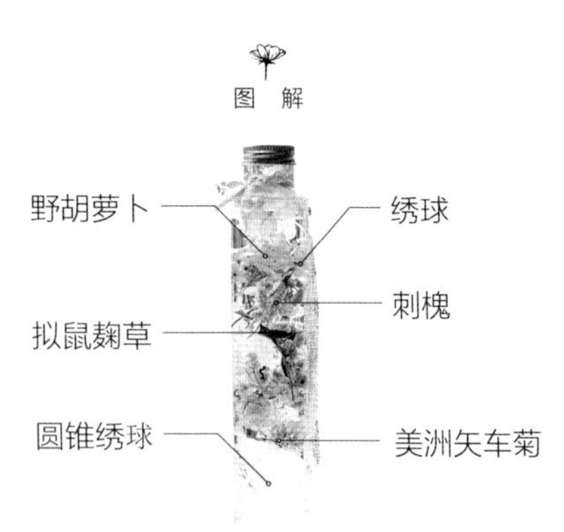

花材

PICK UP

美洲矢车菊

象牙色的花朵有着质朴的气质，极具人气。装点在古典风格的作品中，有很好的衬托作用。

Present 2

玫瑰浮游花，送给甜蜜恋人

点缀上巧克力，就是份心意满满的礼物

花材不局限于原有形态，刻意的散乱也是一种技巧。花瓣浮动摇曳，多么浪漫！

图解

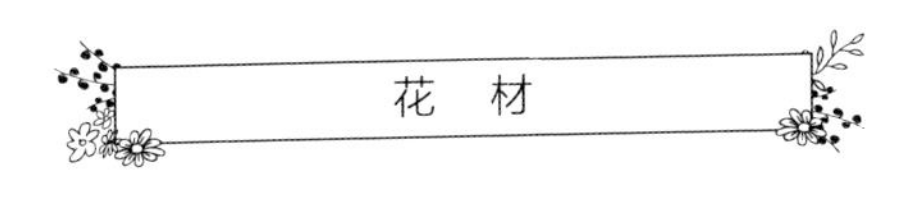

PICK UP

玫瑰花瓣

玫瑰是百花女王，即便是零落的花瓣，它强烈的存在感，也能让人一眼就认出。花瓣在油中轻柔浮动的姿态，表现出女性独有的甜美。

Present
3

向爱花的母亲，表达感恩的心

不再是千篇一律的康乃馨了

康乃馨虽是母亲节的标配花材，但是对爱花的母亲来说，其他花材也是惊喜！还可以搭配同款的花环和香薰蜡烛。

图解

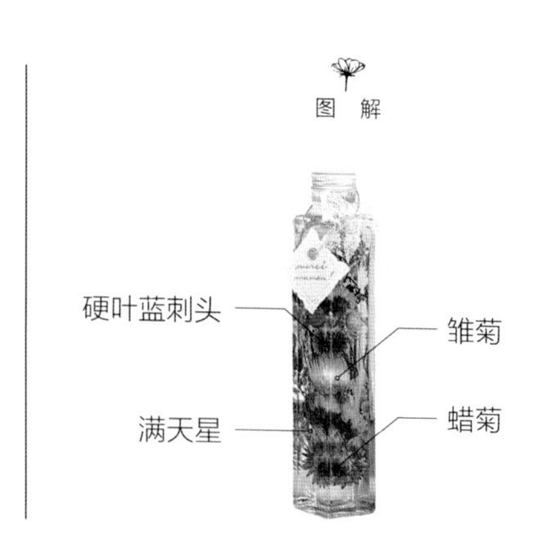

花材

PICK UP

雏菊

雏菊是制作浮游花常用的花材。花色丰富，花朵直径有3~4cm，但花瓣非常柔软，可以轻易通过狭小的瓶口，在瓶中绽放。

Present

4

父亲节礼物，就用清爽的绿色系

是球藻还是其他？让父亲来猜一猜

把冰岛苔藓揉成一个个圆圆的小球。简约的设计适合放在书房。

图解

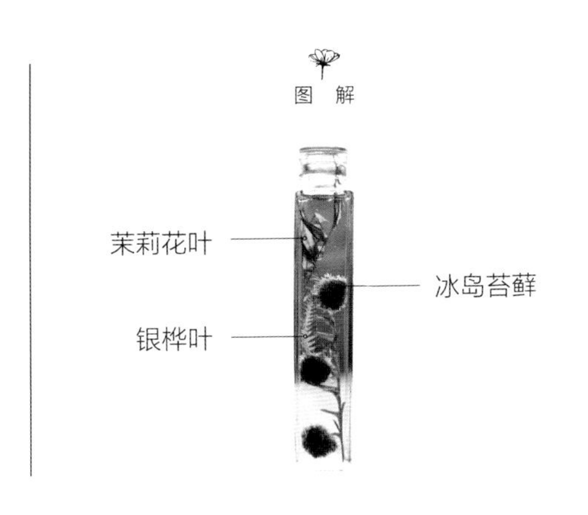

花材

PICK UP

冰岛苔藓

冰岛苔藓是一种永生苔藓。有绿色、白色等多种颜色（参考P37）。多铺于瓶底，像图中作品那样做成球状也十分有趣！

Present

5

给可爱女孩的生日礼物

欢迎新生命的到来

婴儿粉色的娇俏雏菊中点缀些许深红色的千日红。迎来的新生命是个可爱女孩，全家人自然要热烈庆祝一番。

图解

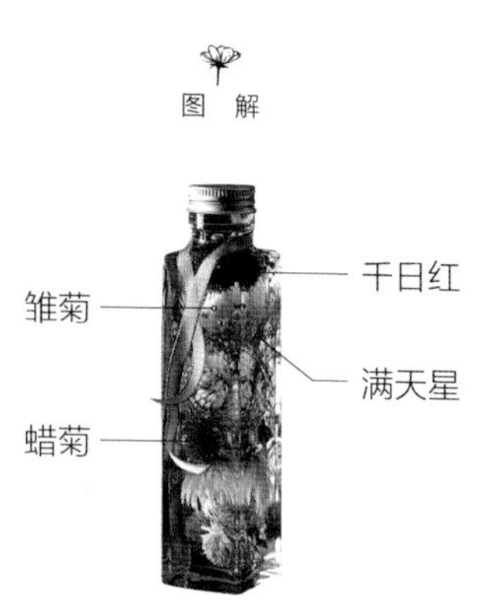

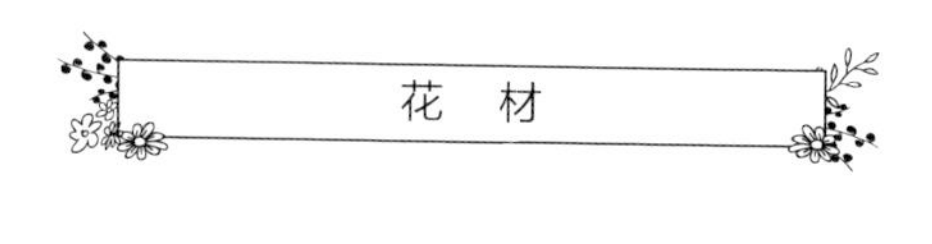

PICK UP

千日红

千日红是一种历史久远的花材，常被用在各种花艺设计中。在浮游花创作里，千日红可轻易通过一般规格（直径 2cm 左右）的瓶口。适合初学者使用。

Present

6

在男孩子的床边，装点上明快的颜色

淘气包也会乖乖睡觉啦

精选了适合男孩子的可爱花朵。在轻薄的塑料片上贴上花材，看上去仿佛飘浮在空中。

图 解

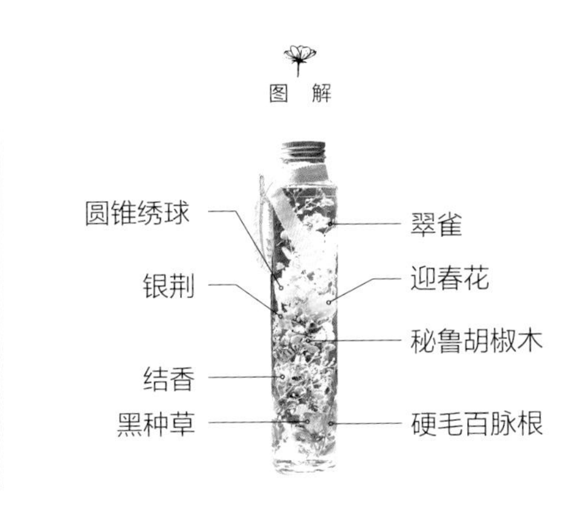

PICK UP

迎春花

迎春花，又叫冬茉莉（Winter Jasmine）。花朵形似香豌豆，活泼可爱。迎春花的干花市面上少有，可以用自制的硅胶迎春花来代替。

Present

7

从萧瑟冬季一夜绚烂！
樱花色浮游花，送给春天出生的你

说到春天的代表色，脑海中浮现的便是樱花的淡粉色了。观赏重重绽放的枝垂樱，谁人能不陶醉呢？

图解

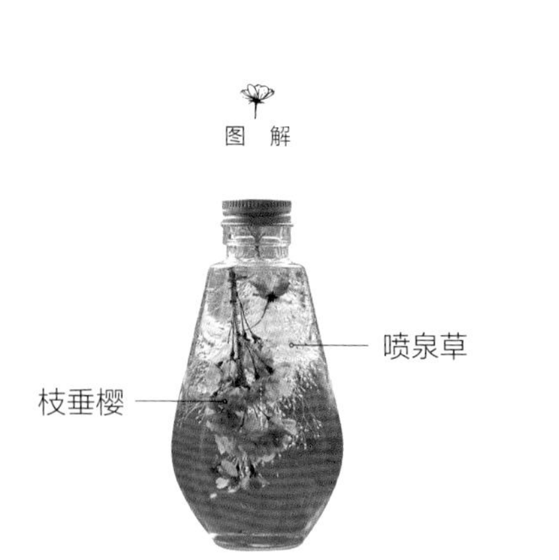

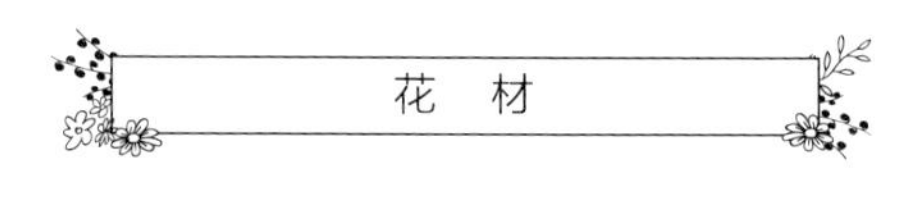

PICK UP

枝垂樱

娇嫩的花瓣需要小心轻放。和硅胶一起封入密闭容器中即可制成干花，色泽不褪，清丽动人。连花蕾也别有风情。

Present

8

夏天是蓝色的，还是粉色的？

如海边朝霞的浮游花，送给夏天出生的你

朝阳下的海景，那便是动人心弦的粉色了。若做成蓝色海洋风便多了一份清爽感，还会带来潮汐的气息，十分适合男性。

图解

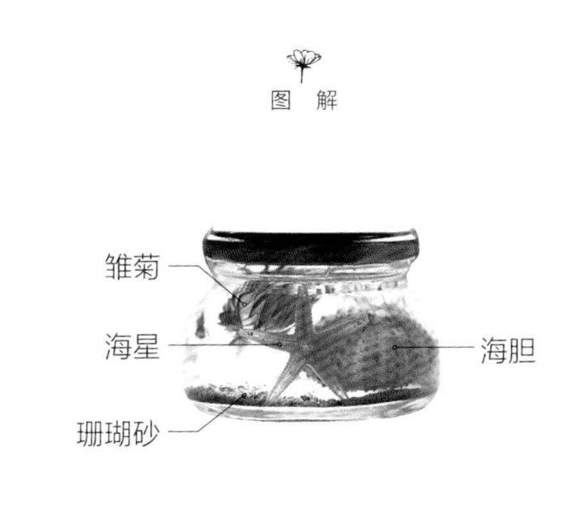

花 材

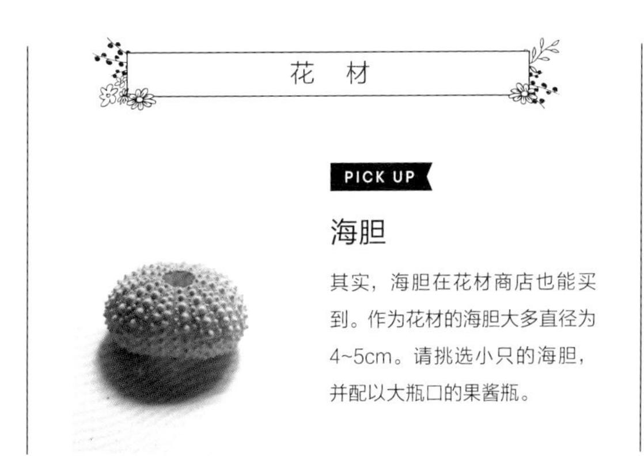

PICK UP

海胆

其实，海胆在花材商店也能买到。作为花材的海胆大多直径为4~5cm。请挑选小只的海胆，并配以大瓶口的果酱瓶。

Present

9

浮游花做的小小花灯，送给秋天出生的你

漫漫秋夜，有它做伴

一盏小小的浮游花灯，点上灯烛，恍若梦境。

图解

花 材

PICK UP

蔷薇果

自己便可动手制作完美的蔷薇果干果。技巧在于往瓶中倒入高约 1cm 的水，插入蔷薇果，让水渐渐蒸发，自然干燥。这样干燥的蔷薇果表面既不生皱，也不会褪色。

Present
10

提到冬季，自然是白色的！雪景浮游花，送给冬日出生的你

白色，清新低调，更多一份高贵与奢华。装载着满满心意，向冬日出生的那个人，送上这份礼物。

图解

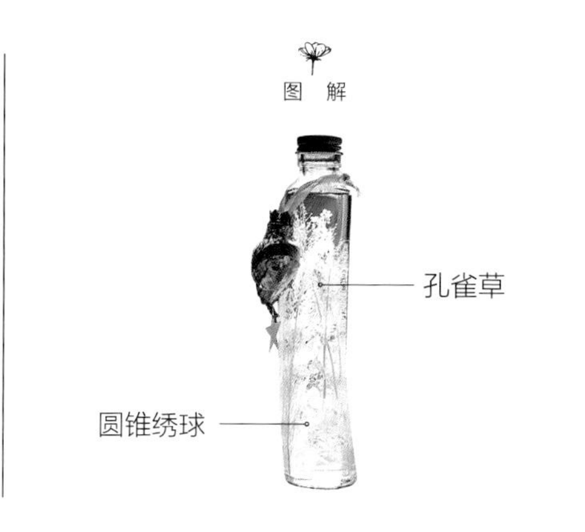

花材

PICK UP

孔雀草

这种花材的花朵比满天星还小。花量足，却不占空间，即使塞得满满当当，依旧能保持透明感，还有一种柔美的观感。

Present

11

满瓶多彩的圣诞色

在圣诞夜，拿它作交换心意的礼物吧！

红×白×绿的经典「圣诞色」，配上成熟的金色，别致而有设计感。

图解

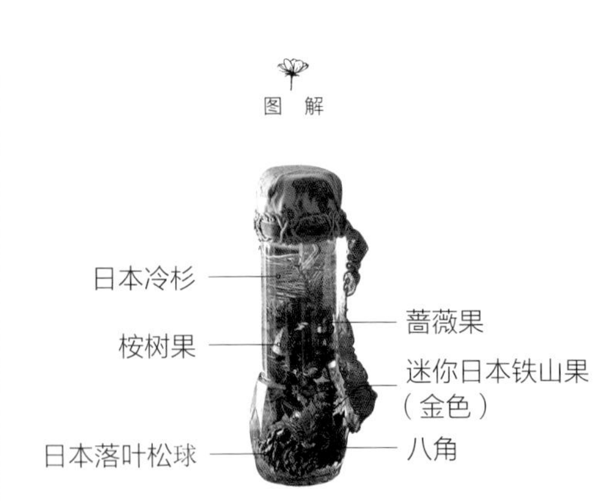

PICK UP

八角

作为中华料理的香料而闻名的八角，用在圣诞节，居然很应景，真是不可思议。购买作为香料用的八角即可。

Chapter 2

季节篇

以四季景色和活动为主题

每个季节绽放的花各有不同，给人的印象也不尽相同。制作出应季的浮游花装饰在玄关，就是对来客最有诚意的迎接了。

Season
1

早春三色堇的简单设计

活用塑料片和贴纸

小秘诀：利用塑料片巧思设计（参考P32），再以贴纸装饰玻璃瓶，可爱加倍。

图 解

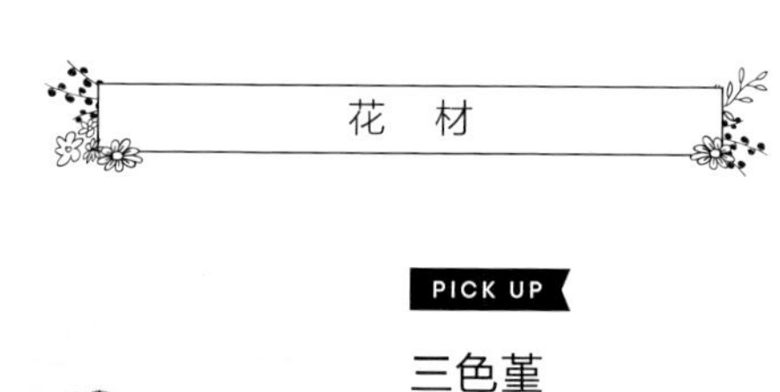

PICK UP

三色堇

三色堇的花色非常丰富。若想在家中自制三色堇干花，只需挑选喜欢颜色的花朵，与硅油一起放入密封容器中，干燥数日即可。

桃子成熟的季节，和孩子一起做『玩偶』吧

奇思妙想的『玩偶』浮游花

准备成对的玻璃瓶和饰品，制作仿佛穿着华丽和服的『玩偶』浮游花和英气逼人的宫廷风『玩偶』浮游花吧。从下往上按顺序装入花材即可，和孩子一起尝试吧。

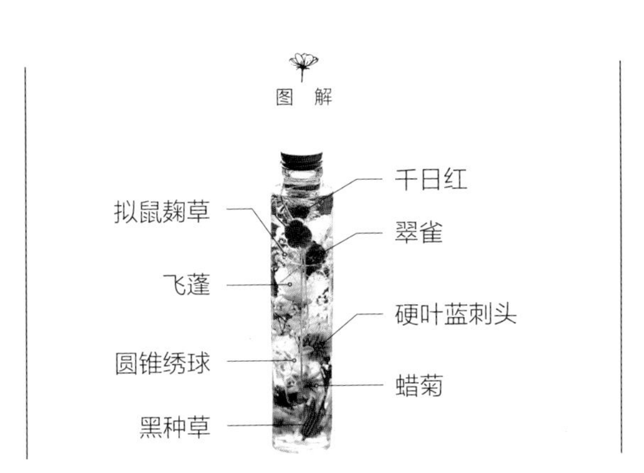

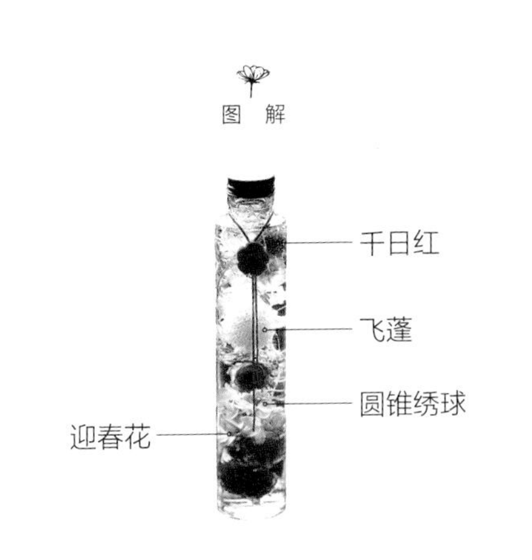

Season 3

夏之空与海之色，在玻璃瓶中融合

犹如满眼蓝色的澄澈世界

以淡蓝色素材制作的浮游花。花色干净到仿佛能看到瓶身对面，塞入大量花材也能保持透明感。

图解

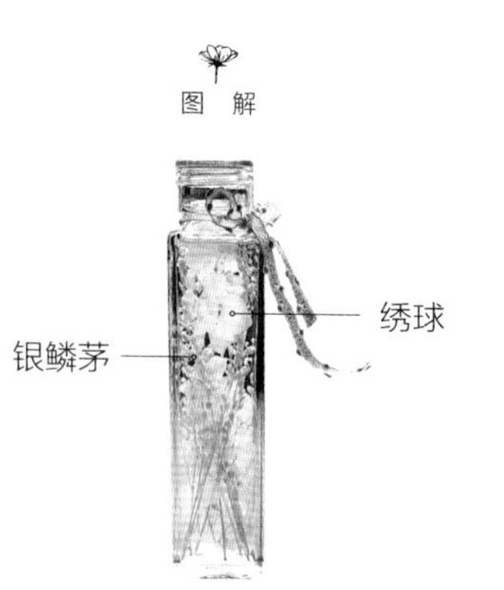

花　材

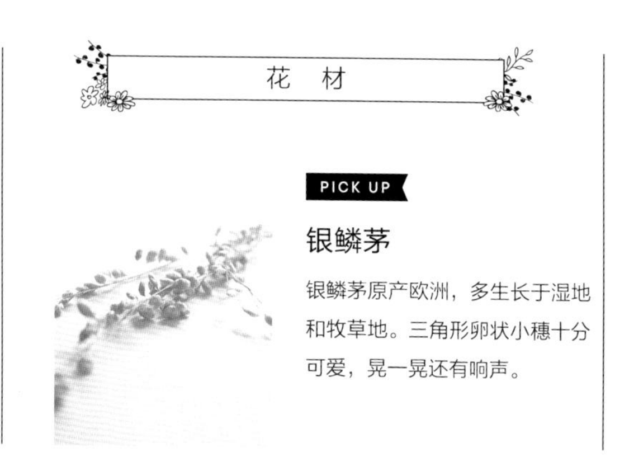

PICK UP

银鳞茅

银鳞茅原产欧洲，多生长于湿地和牧草地。三角形卵状小穗十分可爱，晃一晃还有响声。

Season 4

幻想湛蓝大海的深处

制作出如童话故事中的海底风景

蓝色"海草"微微摇动，小小的贝壳铺满瓶底！这般只出现在童话故事里的海景，浮游花让它成真。

图 解

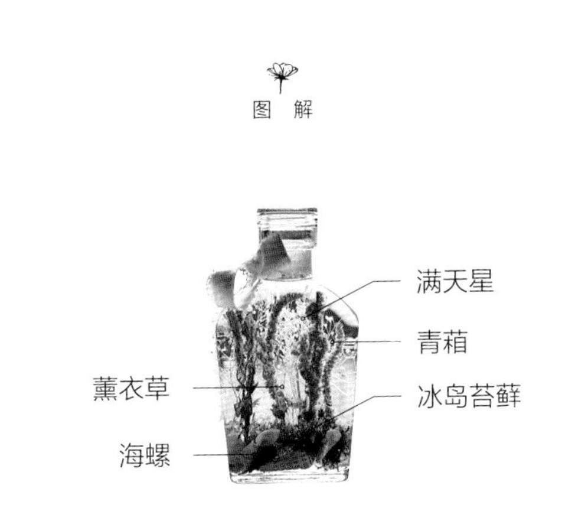

花 材

PICK UP

青葙

青葙下垂的花穗姿态独特。独一无二的形态，使它拥有了主角级别的存在感。叶色为胭脂红色，市面上售卖的染色产品较多。青葙非常容易浮起，所以需要用苔藓好好将其固定住。

Season 5

尽显秋日原野的萧瑟与成熟

秋高气爽，干花自然成

构成此作品的花材全是野外采集的野花野草。浮游花的优点之一就是仅使用未加工的花材，就能做出如此优美的作品。

图解

花材

PICK UP

鸡矢藤

深橘色的果实，经过时间沉淀，变成了蜜糖色。藤蔓贴合在瓶壁上，可以毫不费力地定型。还可以用长条的藤蔓做成花环，与之搭配。

Season 6

波纹玻璃瓶中摇曳的秋季花朵

让人联想到多层次的红叶美景

这件作品的构成非常简单。把玫红色、紫色的花材高低错落地放入波纹玻璃瓶中，就能打造出梦幻摇曳的场景。

图解

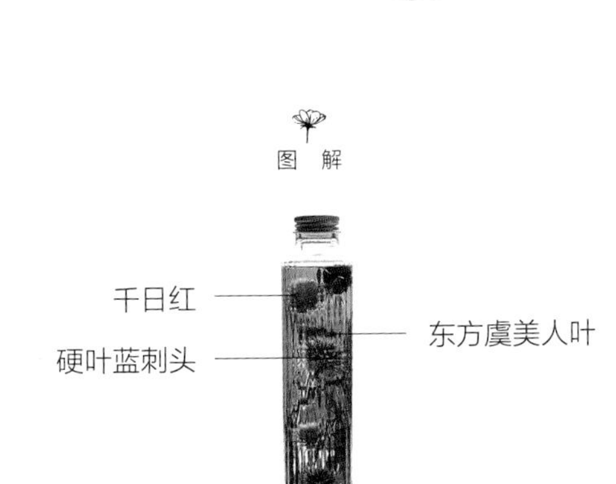

花材

PICK UP

东方虞美人叶

东方虞美人是制作永生花的常用花材，花色丰富，常常成为视觉的焦点。锯齿状的枝叶能起到很好的阻挡隔断作用。

Season

7

以晚秋的素材，点燃快乐万圣节！

黄×橘×黑的主题色

此作品的关键在于将容易上浮的果实置于下方，用花作为隔断。这样交错地放置，就能形成良好的平衡。

图解

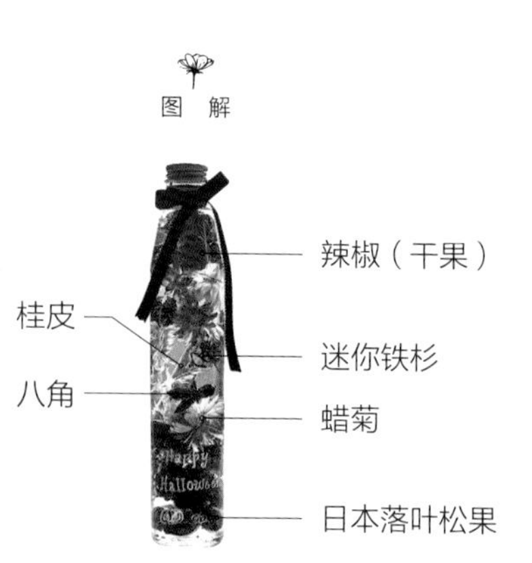

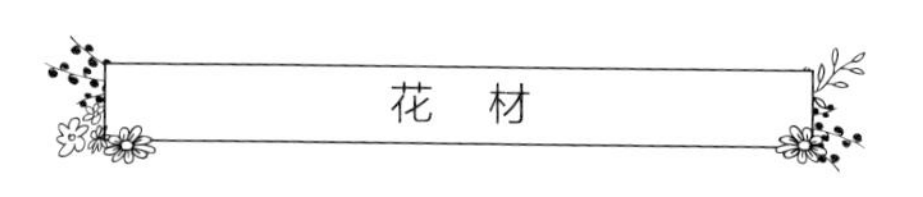

PICK UP

桂皮

肉桂的树皮，宛如小型的木材，是一种很特别的素材。想在作品中体现自然或者描绘秋色时，桂皮最为合适。

Season 8

雪花飘舞的白色圣诞节

用蝉翼纱打造雪景

打造梦幻雪景的秘密武器是布置于瓶身内侧有着雪花纹路的蝉翼纱。左侧作品中的谷精草恍若雪花一般。

图解

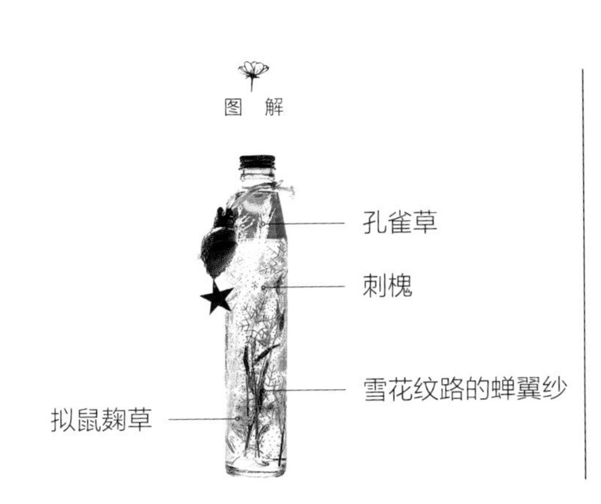

花 材

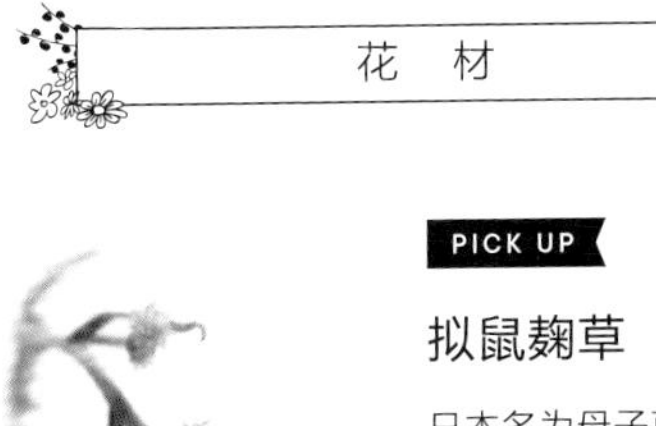

PICK UP

拟鼠麹草

日本名为母子草。模样轻盈娇俏，常用在婚礼中。花朵能放入口径很小的瓶中，但在油里会显得略微大一些。

Season
9

干枯萧瑟的冬季更需要绿色的气息！

用张扬生命力的绿色装点圣诞节

说到圣诞节，日本冷杉是永恒的主角，再配以桉树叶，就形成了绿意盎然的画面。冰岛苔藓做成的雪地也值得品味。

图 解

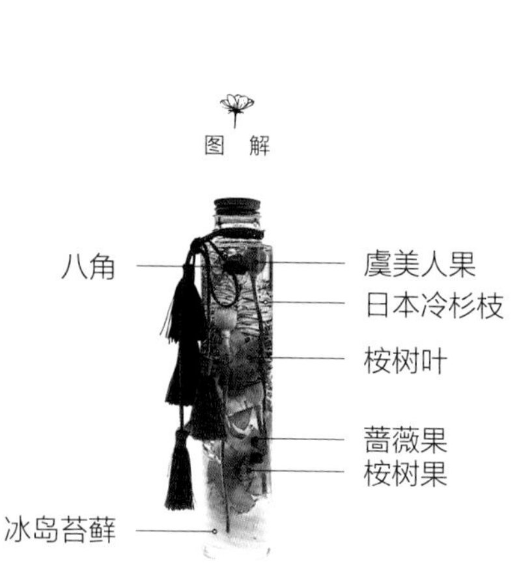

花 材

PICK UP

日本冷杉

大片的树枝中，只剪取需要的长短即可。在油的滤镜下，绿色更显生机勃勃。除了圣诞节主题外，日本冷杉也很适合用来渲染漫步森林的气氛。

Season
10

映衬新春气息的花材

用松叶装饰，迎接新年的到来吧！

花艺作品中加入松叶，日式花道的韵味尽显。木枝原本平庸的姿态，立即呈现出艺术般的优雅风姿。

图　解

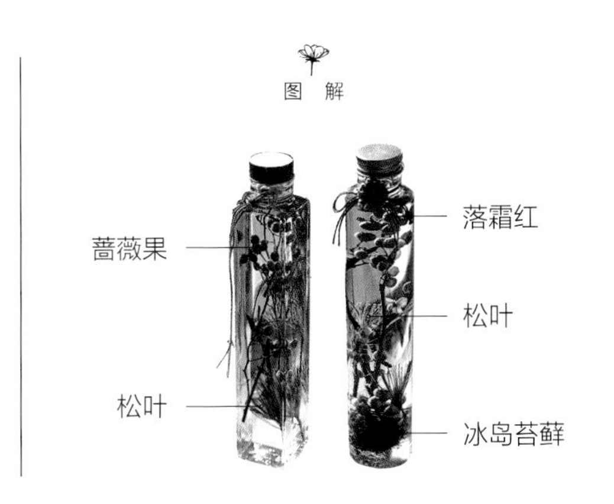

花　材

PICK UP

松叶

干松叶即使是在专业花材店也难以寻得。自制干松叶，只需自然风干便可。除了正月的主题，干松叶也非常适用于塑造和风意境。

专　栏

利用透明塑料片，制作“静止的浮游花”

瓶中的花总是上下浮动，或者漂到不该去的位置……

不能顺利定型时，试着巧用透明塑料片吧。

【道具】

- 约 0.2mm 厚的透明塑料片，按瓶子直径 × 高度的尺寸剪好备用
- 粘贴花材用的专用胶水
- 粘贴花材用的牙签
- 裁剪花材用的剪刀
- 粘贴花材用的镊子

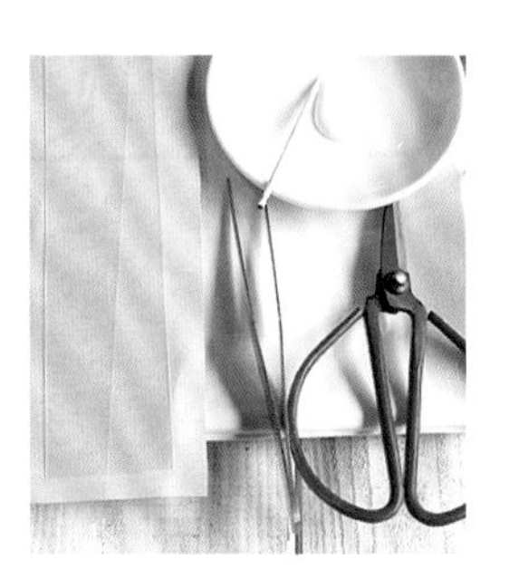

STEP 1 设计花的整体布局

▶

准备干花或者永生花。放在已剪好尺寸的塑料片上，设计布局。

STEP 2 把花材粘在塑料片上

▶

在花材背面薄涂一层胶水，按从下往上的顺序，把花材粘在塑料片上。注意要藏好花茎的切口。

STEP 3 放入瓶中

▶

胶水彻底干后，弯曲塑料片，从瓶口轻轻放入瓶中；再将油从塑料片背面缓缓注入。浮游花作品完成！

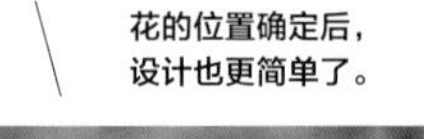

除了使用透明塑料片，用大朵的花包裹着素材放入亦有奇效。

制作浮游花时，灵活运用小技巧，事半功倍。

Chapter 3

动手篇

掌握挑选素材和制作浮游花的方法

花、果、叶、贝壳等，都可以作为浮游花的素材。但是，也有绝对不能用的素材。
这一篇带你熟悉浮游花的基本知识，然后，请随心制作出你中意的作品吧。

1

制作浮游花的素材切勿含水

在油中描绘美景的不仅有可爱的花、叶，还有水果、干果、苔藓和来自海洋的宝藏！

HERBARIUM MATERIAL | 保鲜花

1. 满天星 /2. 迷你玫瑰 /3. 胡椒浆果 /4. 圆锥绣球 /5. 雏菊

足以媲美鲜花的保鲜花

制作浮游花常用的是保鲜花（preserved flowers），又叫永生花。这是一种经过保鲜加工的干花，是鲜切花经脱水、浸染、烘干等工序制成。这种鲜花保鲜技术由柏林大学和布鲁塞尔大学联合开发。保鲜花经加工后可以长期保存，可谓是凝聚了世界级智慧的结晶。

保鲜花虽说是制作浮游花最合适的素材，但由于保鲜花的制作过程中使用了染料（把颜色固定在素材表面的着色剂），这会使保鲜花在浸入油中后，颜色脱落，须引起注意。※ 详情参照 P101。

轻松自制古典的姿态，亦是人气的秘诀

干花历史悠久，在希腊神话中就已登场，在古埃及的王墓中也有发现，是制作浮游花不可或缺的素材。

干花与鲜花相比显得干瘦，由于没有水分，给人“干枯”的印象。但这正是它最大的魅力。制作浮游花时，干花浸在油中，会略显舒展，而其充满古典美的色彩依旧，更添风情。

另外，制作干花的操作简单也是其一大优点。将鲜花倒置在通风良好的地方，即可轻松制成（参照P92）。干花花束可用来制作浮游花、香囊、蜡烛等，手作的世界多姿多彩。而且，不光花店卖的鲜花，路边的野花野草也能做成美好的浮游花。

制作浮游花不使用鲜花，

而采用永生花、干花等。

来感受其独特的魅力吧。

1. 黑种草 /2. 茴香花 /3. 刺芹 /4. 银桦 /5. 黑种草果 /6. 拟鼠麹草 /7. 千日红 /8. 迷你玫瑰 /9. 雏菊 /10. 薰衣草 /11. 石南茶 /12. 野胡萝卜 /13. 七瓣莲 /14. 星芹 /15. 蜡菊 /16. 万寿菊 /17. 花笺菊 /18. 虞美人果 /19. 硬叶蓝刺头 /20. 翠雀

1. 桉树叶 /2. 羽叶花柏 /3. 喷泉草 /4. 绿干柏 /5. 芦笋叶 /6. 刺柏 /7. 硬叶蓝刺头叶 /8. 日本扁柏 /9. 大戟 /10. 饰球花叶 /11. 孔雀草 /12. 东方虞美人叶 /13. 药用鼠尾草 /14. 银桦 /15. 日本冷杉

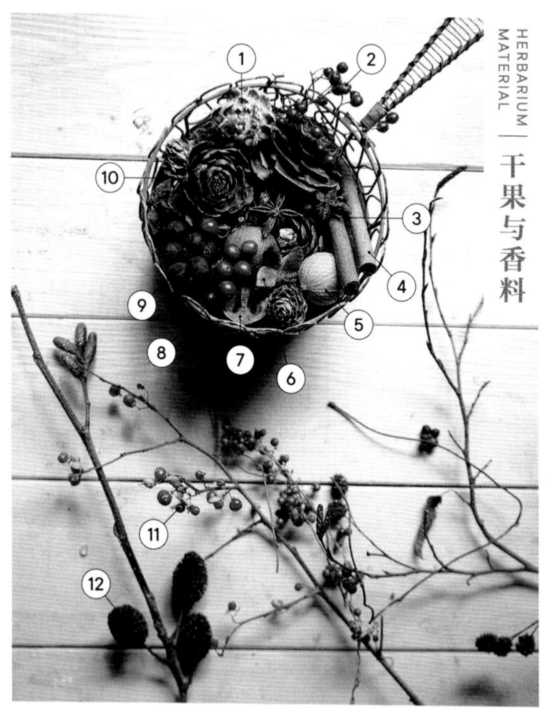

1. 木百合 /2. 玫瑰果 /3. 八角 /4. 桂皮 /5. 瘤果麻 /6. 圆齿水青冈果 /7. 胡桃 /8. 菝葜果 /9. 厚叶石斑木果 /10. 喜马拉雅雪松果 /11. 南蛇藤 /12. 夜叉五倍子

素材的选择

枝梗和草叶是浮游花中的最佳配角，通过缠绕的方式，来阻挡容易上浮的花材。

当然，枝叶也是值得作为主角的素材，能营造出仿佛在森林中一般，充满野趣的意境。

干果和香料也是必备单品，尤其是在营造秋天的氛围时，它们可是重要角色。

以干果和香料制作的浮游花，最容易联想到的便是由橡果或者胡桃等打造的咖啡色系作品。而菝葜果、蔷薇果这类拥有鲜艳色彩的花材及黑色的石斑木等，也是打造撞色效果的完美之选。还有花瓣状的喜马拉雅雪松果、星形的八角等等，这些带有独特个性的素材，也能做出可爱的作品。

苔藓、水果干、海洋生物……

花草树木以外，

还有这些来自大自然的素材。

HERBARIUM MATERIAL | 苔藓

苔藓可在小小的玻璃瓶中起到“大地”的作用（详见 P48）。除了绿色这一基础色，还有一连串充满个性的颜色。另外，将苔藓捏成球状还能做出有趣的作品（参考 P13）。

水果干和海洋生物需要搭配大瓶口果酱瓶，苔藓则能轻松放入细口瓶中

最后要介绍的素材，既不是花草，也不是树枝，是从市面上能轻松买到的水果。

在用水果制作水果干时，像苹果这类容易氧化的水果，需要先在盐水中浸泡片刻，再放入烤箱中，100℃烤制 2~2.5 个小时即可。

HERBARIUM MATERIAL | 海洋生物

1. 海星 /2. 海胆

HERBARIUM MATERIAL | 水果干

1. 海棠果 /2. 柠檬 /3. 草莓

2

玻璃瓶决定浮游花的世界

玻璃瓶圆润剔透，可以像吊坠一般小巧，也可以层层堆叠成小塔……可爱而时尚，与花材一起搭配，设计不同风格的作品。

1. 灯泡型。圆滚滚的形状十分可爱，几个摆放在一起也很美观。2. 从侧面看就像坐着的小猫一样，所以又叫它“猫玻璃瓶”。3. 放入波纹玻璃瓶中的花，犹如海市蜃楼一般。4. 在直径约 2cm 的玻璃球中，小小的蔷薇果看起来像苹果。5. 瓶底为心形的玻璃瓶。用来做情人节礼物最好不过了。（参考 P11）。

※ 瓶底有凹槽的可堆叠玻璃瓶，搭配上 LED 灯，点亮后绚丽夺目。

初学者推荐使用直立圆柱形玻璃瓶

浮游花是一种在玻璃瓶中创作的花艺作品。因此，玻璃瓶自然是决定作品形象的关键要素。

对于初学者来说，常规的直长形玻璃瓶就很合适。瓶身狭窄，花材不会乱动，很容易上手，而且花茎不用剪得过短，原样放入瓶中，就能有模有样。当然，剪去所有花茎，将花朵堆叠放入，也很好看。

待操作上手之后，再根据玻璃瓶和花材的特性，制作不同风格的作品吧！

不用常常购买新的玻璃瓶，旧的瓶子清洗晾干后也能重复使用

浮游花，溯其由来，实为一种“植物标本”，在选择容器时，满足“容器密封”和“能看清内容物”这两点，玻璃瓶实为不二之选。

玻璃瓶的种类丰富多样。除了上一页推荐的直长形玻璃瓶，瓶口宽大、易于放入花材的果酱瓶也十分适合初学者使用。这种瓶子能放入大颗的水果干或海洋生物等一些很难放入其他小口径玻璃瓶的素材。

而口袋威士忌酒瓶形的玻璃瓶，时尚有格调，适合资深玩家。用镊子夹取花材放入瓶中这个动作，也需要一些小技巧（参考 P49）。

另外，表面有纹路的瓶子，则需要注重瓶中素材的展现方式。因为设计的构图和细节会因为纹路而变形。使用这种瓶子时，推荐采用简洁易懂的设计。

密封是浮游花的重点。

制作完成后须确保瓶口封严，

这样即使瓶子倾倒，内容物也不会外漏。

1. 口袋威士忌酒瓶形 /2. 灯泡形 /3. 圆锥形 /4. 圆柱形 /5. 四棱柱形 /6. 果酱瓶形 /7. 心形 /8. 带纹路的果酱瓶形 /9. 堆叠形 /10. 波纹圆柱形

浮游花专用油和必备小工具

挑选浮游花专用油时，需要了解各种油的特性。浮游花的制作有很多细致的工作，因此挑选好用的工具，也是制作浮游花的一大关键。

推荐使用单口量杯来注入油。从瓶口缓慢注入，不要让花材移位。

熟悉油的特性，安全地享受制作浮游花的乐趣

制作浮游花所用的油主要为硅油和液状石蜡，其详细特征可参考 P101。本节也会介绍一些基本信息。

硅油和液状石蜡均为无色、无味的透明液体。两种油的闪点虽然因黏度不同而有所不同，但均在200℃以上，因此不必担心会产生自燃。所谓闪点，就是可燃性物质挥发的气体与火焰接触，闪出火花并立刻燃烧的最低温度。比如橄榄油的闪点为 220℃，煤油为 42℃。

但是，仍然不建议把浮游花放置于接近明火的地方。另外，也切不可随意将其倒入下水道。浮游花是一种使用了油的工艺品，请在充分了解这一点的基础上，再走进浮游花的世界。

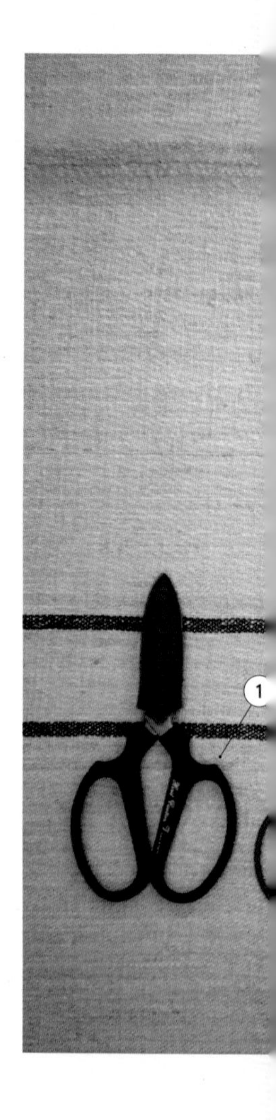

自己准备好用的工具也是手工制作的一大乐趣！

制作浮游花所用的工具，分别在剪切素材、放入瓶中进行布置、注入油及取出废弃物和脏污这几个环节中各司其职。

剪切素材用的工具是剪刀。准备一把剪花草用的和一把剪树枝用的剪刀，有了这两把剪刀就能剪切各种素材。

放入瓶中进行布置用的工具是镊子。直头镊子要选取足够伸到瓶底的长度的；弯头镊子适合用来调整一些边边角角和弯曲部分的细节。想移动瓶中素材时，用筷子就可以。

注入油使用的是单口量杯，它承担了计量和注入液体两个功能。另外，如果容器较小，使用滴管即可。

取出废弃物和脏污则轮到掰弯的搅拌勺大显身手了。厨房纸可用来擦拭油，市面上也有专用的纸巾销售。

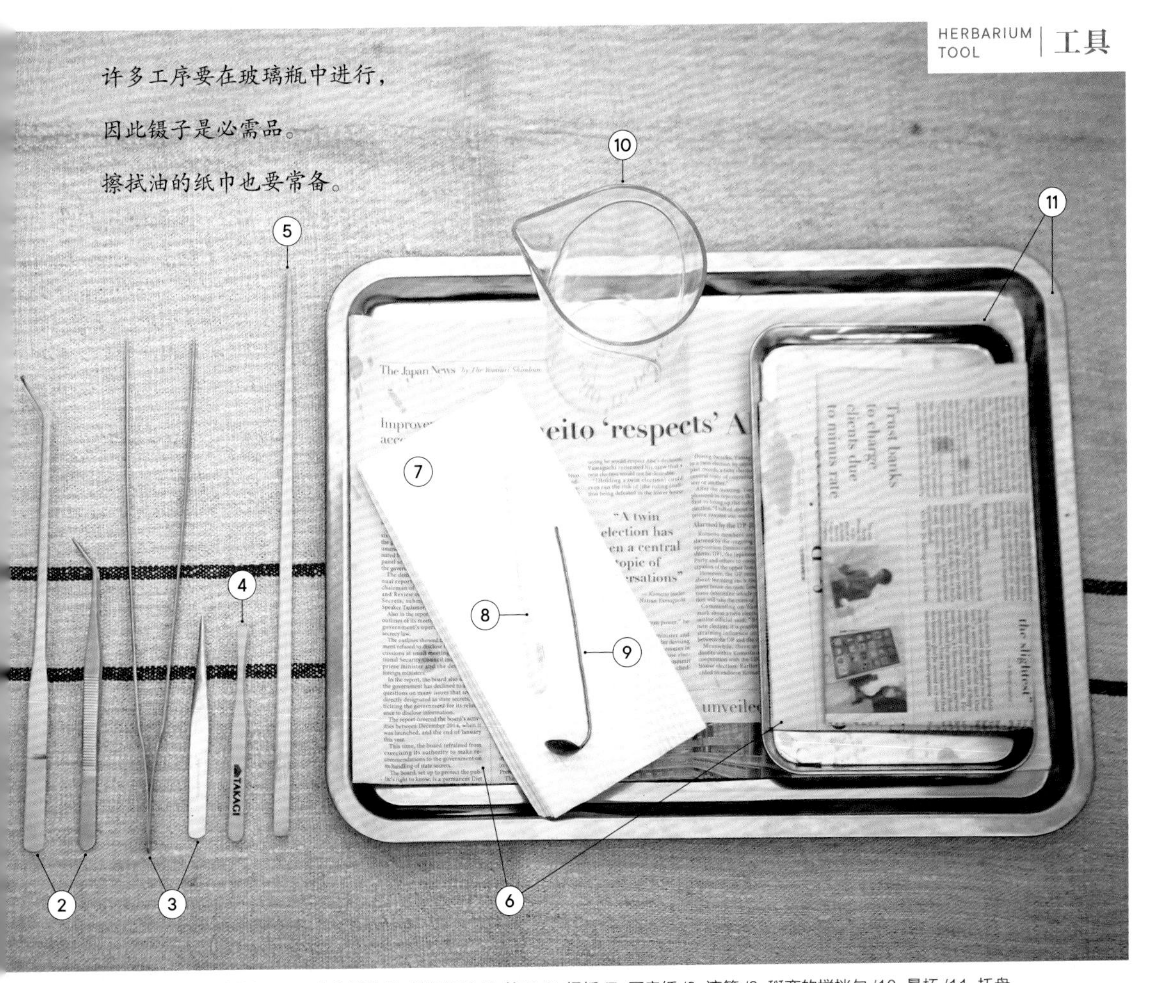

1. 园艺剪刀 /2. 弯头镊子 /3. 直头镊子 /4. 平头镊子 /5. 筷子 /6. 报纸 /7. 厨房纸 /8. 滴管 /9. 掰弯的搅拌勺 /10. 量杯 /11. 托盘

基本
制作方法

用最简单的技巧制作垂直型风格浮游花

这是一个最基本的圆柱形玻璃瓶浮游花。花材无须过多修剪，直接以『摘下时的姿态』放入瓶中，便是一件赏心悦目的作品。

熟悉油的特性，
安全地享受制作浮游花的乐趣

使用直长形的圆柱瓶，仅需最基础的技巧就能制作出美丽的浮游花。像上图中的作品这样，要想让花材形成高低差，清晰展示从上至下的每朵花，就需要想办法让下方的花不要浮起来。

这里起到重要作用的就是满天星和枝叶等，它们在瓶中形成了一定的阻挡。而要让这些花材顺利起到阻挡的作用，就需要事先考虑好放入的顺序，在构思时就要注意到这一点。

另外，不需要将花茎剪切得过短，直接以“摘下时的姿态”放入瓶中做成“植物标本”就很好看。

STEP 1 设计构思，剪切花材

比对玻璃瓶的大小，以略小一些的规格构图。大朵的花和颜色较浓的花置于下方，上方则要留出一定的空间。

▼

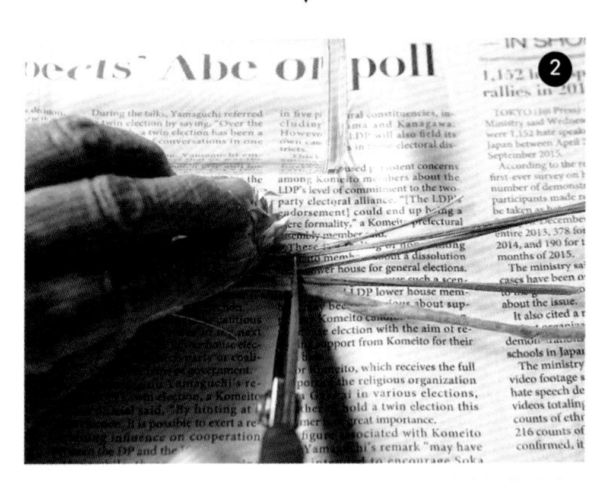

把花材放在瓶身侧面，确认正反和左右的方向。确定好构图后，从瓶底往上 5cm 处开始剪切花材。

小技巧

在适当的地方加入阻挡用花材

用满天星和枝叶作阻挡物，让精心设计的作品以最好的姿态呈现。

STEP 2 从下往上放入花材

[花比瓶口直径小时]

花托朝下，用镊子夹住，慢慢放入瓶底。

[花比瓶口直径大时]

如果是圆形的花，就把花瓣缩成球状，花托朝上，塞入瓶口。

[花比瓶口直径小时]

把花展开，单手拿住，再用镊子轻轻地夹住，慢慢放入瓶底。

[长条的花和花枝]

镊子夹住花的上部，花茎用手支撑着通过瓶口，然后晃动瓶身，让花材落入瓶底。

[想制造留白空间时]

确保瓶内能插入筷子，然后用镊子放入花材。

STEP 3 整理形态

垂直插入镊子，夹住目标花材进行调整。由于下方花材的移动会导致上方的花材一起移动，所以要以从下往上的顺序来进行调整。

小技巧

整理完后，立起瓶身，再次检查。如果有花瓣或者垃圾落入瓶底，就在此时仔细清理。

STEP 4 注入油，再次整理形态

油沿着内侧瓶壁缓缓注入

将瓶身略微倾斜，让长条的枝叶靠着下方瓶壁。油的量以完全浸没素材，到瓶身肩部略微上方为准。

STEP 5 盖紧盖子

等到气泡完全消失后再盖上盖子

注入油后，要等气泡浮起直至完全消失后再盖上瓶盖。瓶口周围沾上的油也要擦得干干净净。

基本制作方法

2

尝试用糖果罐，制作可爱的室内装饰品吧

可爱的花朵就像糖果一样，装得满满的，不需要复杂的技巧，一下子就能做好。

装得满满当当的，不留间隙，这样才能显得丰富有内容

花材减去茎叶，只留下花朵，一个一个放入瓶中，就像把糖果放进糖果罐。过程中不时地撒入朵朵小白花，充当糖纸。

这款浮游花的关键之处在于要把大朵大朵的花巧妙地塞入瓶中。诀窍详见下一页，试着做做看吧！学会了这个技巧，就能顺利地掌握这款浮游花的做法了。

另外，最好选取花瓣绵密的花材，比如蜡菊、雏菊、飞蓬等。瓶中花朵绽放，绚丽多样，让人更加爱不释手。

STEP 1 设计构思，剪切花材

剪去花茎，只留下花朵

沿着花托下部剪切。这种剪法容易导致花瓣脱落，需要十分小心。

▼

分解花瓣细碎的花

选择绣球、满天星等花瓣细碎的花，分解成小朵，作为阻挡用的花材，同时也能充当糖纸。

▼

准备好花材，确定好顺序

准备足够多的花材，大朵的花放下面，能让整体更加平衡。

STEP 2 依次放入花材

花瓣舒展的花

[横向放入的方法]

花朵朝上，用大拇指和食指夹住两侧。

▼

轻轻地略微对折，塞入瓶口，一点点放入。

小技巧

倒置瓶身也是清理垃圾的一种方法

在这个阶段，花材就算移动也没关系，因此可以倒置瓶身把垃圾倒掉。之后再用镊子等工具调整花朵的位置即可。

[用手指从上往下推入的方法]

把花朵朝上，置于瓶口上方。

▼

手指抵住花朵中心，推入瓶中。再用上一页讲的小技巧，去除脱落的花瓣。

把成团的小花放入瓶中的技巧

为了防止花瓣四散，先用镊子夹住，送到设计好的位置后再松开。

STEP 3 整理形态

一边放入花材，一边整理

发现有脱落的花瓣或者垃圾，就马上清理。由于这款浮游花需要塞入大量花材，如果最后再清理会十分麻烦。

STEP 4 倒入油，完成

注入至素材全部浸入，约瓶口下方处

用纸巾将瓶子包住，略微倾斜，倒入油。等气泡消失，盖上盖子就完成了！

小技巧

盖上盖子前清理垃圾

如果瓶中有漂浮的花瓣，需要清理干净。图中使用的工具是自制的掰弯后的搅拌勺。比起用镊子一点一点地夹，直接捞起来会更省力。

3

将似曾相识的风景封入瓶中

这是原野？还是森林？
大地绿意盎然，草木焕发生机，花朵向着天空恣意生长。
瓶中竟有这样的风景。

巧用苔藓，
使洋溢着野趣的风景在瓶中再现！

对浮游花感兴趣的人，一定是热爱大自然的。也许有人会担心：“在瓶子里进行这样细致的操作一定很难……”但请放心，只要掌握了技巧，谁都可以成功。

另外，在这款浮游花中，哪怕是细碎的枝叶也能派上用场，这一点想必能让热爱手工的朋友十分高兴吧。喜爱的花材如果剩下一点点，就先储存起来备用吧。

不仅如此，同样的技巧还能运用在打造海底景色（P25）、雪景（P29）等主题中，使用的方法不拘一格。这个作品中推荐使用口袋威士忌酒瓶形玻璃瓶。

STEP 1 以苔藓作为基础进行设计

参照瓶身尺寸进行构思是关键

按瓶身部分正面的大小进行设计，以苔藓作为基底，放入花材。将花材制造出高低差，更显得错落有致。

STEP 2 苔藓在瓶底铺开

上部花的部分用手紧紧固定好，用镊子把苔藓取走，轻轻卷成球状，放入瓶中。

▼

用筷子把苔藓铺满瓶底

这里的关键是苔藓要铺满整个瓶底。镊子容易勾住苔藓，用筷子会更加方便。如果苔藓的量不够，追加即可。

STEP 3 放入花材

小技巧

从边缘按顺序摘取

为了不破坏步骤 1 中固定好的形状，需要用镊子从边缘开始按顺序一一取下花材，然后再按顺序固定在苔藓上。

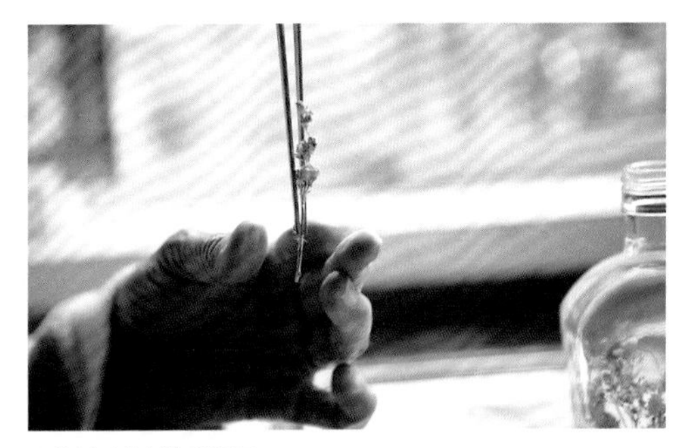

取花材时花材靠着镊子

用镊子夹住花材整体。如果是较为坚硬的花茎，就夹住略微靠上的地方。如果是纤细的花茎，就用镊子将整个包住，轻轻夹起来。

▼

以苔藓为基底种上植物

将镊子深深埋入苔藓，种入花材。然后轻轻地抽出镊子。

小技巧

倾斜瓶身进行操作也可以

把素材种入瓶底的苔藓后，素材几乎就不会移动了。因此，为了便于操作，稍微倾斜瓶身也无妨。

STEP 4 确认瓶子内部的状态

正面看也美，侧面看也美，这一点很重要。检查不同角度的景观看起来是否协调，再进行调整。

STEP 5 注入油

沿着瓶壁注入，注意不要让花材移动

用纸巾裹住瓶身，稍稍倾斜，注入油直到所有素材都浸入油中。

STEP 6 取出垃圾，盖上盖子

弯头镊子便于取垃圾！

在口袋威士忌酒瓶形玻璃瓶的肩部部分取垃圾时，有一定角度的弯头镊子十分有用。等气泡消失后，紧紧盖上盖子，就完成了。

仿佛水中原野！

Chapter 4

美食篇

用美味的食材制作浮游花

浮游花的素材不局限于花，气味芳香的香料、新鲜水润的水果、日常的食材都可做成独一无二的浮游花。

Herb&Fruit

1

白鼠尾草和白花打造的植物标本

无须加工，花坛摘下的花就是最好的素材

白鼠尾草一般不作为食物，而是一种美洲原住民在特别的仪式中使用的植物。

图解

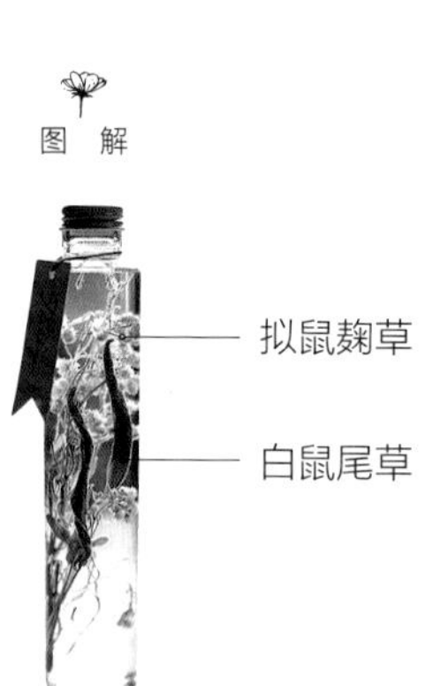

花材

PICK UP

白鼠尾草

一种香料，叶子表面长着一层茸毛，浸入油后会呈现出丝绒一般的质感。制作干花时，叶子可做成多种造型，非常吸引人的眼球。

Herb&Fruit

2

在瓶中装满玫瑰果

小小的红色果实，就已经足够可爱

玫瑰果，顾名思义，就是玫瑰的果实。市面上流通的多为「狗蔷薇」这一品种。

图解

花材

PICK UP

玫瑰果

玫瑰果作为香料也非常出名。不仅花材专卖店能买到，香料店也能买到。放进圆柱形玻璃瓶后，果实透过玻璃看起来更大了，十分有趣。

Herb&Fruit

3

橘色是耀眼的活力色彩

巧思布局，元气满满

半圆的干橘子片交叠着放入，非常养眼。为了防止它们浮起，在上方放入大朵的蜡菊。

图解

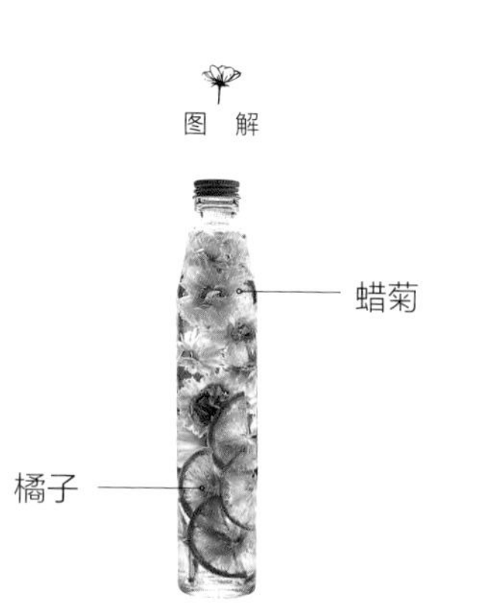

PICK UP

橘子

如果是圆形的切片，直径就过于大了，可能会放不进瓶口。切成半圆形，则能轻易放入，适合初学者。

Herb&Fruit

4

谁看见都要夸一句：『看起来很好吃！』可能会被不小心吃掉的果酱造型浮游花

苹果、柠檬，还有看起来像樱桃的玫瑰果。这些水果制成的干果也能成为装饰用的素材。

图解

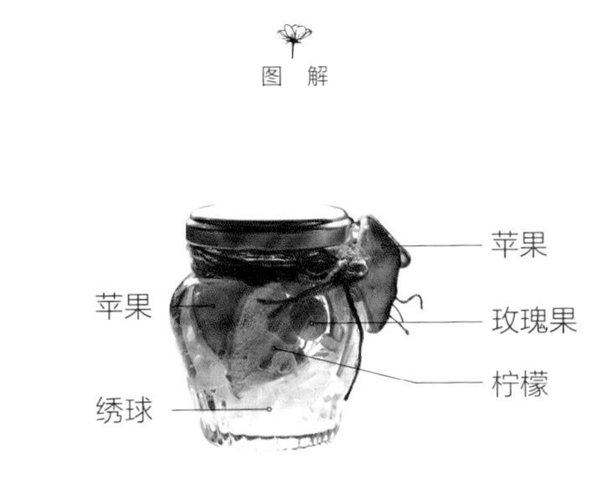

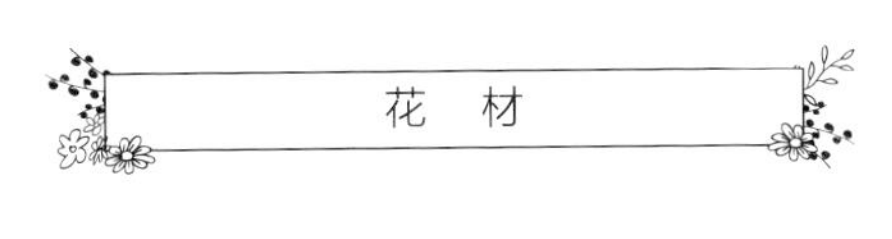

PICK UP

苹果

果酱瓶容易放入素材，值得推荐。然而即便如此，干苹果的切片还是过大，可以切成半圆形或者四分之一圆。

Herb&Fruit

5

水果干打造热带甜点造型浮游花

犹如刨冰的干绣球花瓣

用蓝色的绣球充当刨冰，营造冰冰凉凉的感觉，再装上满满的新鲜水果，甜美的浮游花就完成了。

图解

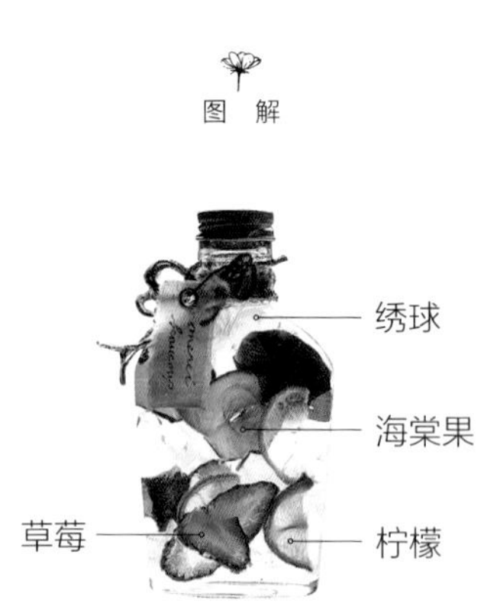

花材

PICK UP

草莓

即使做成水果干，依然显得好吃诱人。但唯一的难点，就是水果干非常容易浮起。因此，搭配了绣球，起到了阻挡的作用，这样水果干就不会四处浮动了。

Herb&Fruit
6

装饰餐桌的沙拉浮游花

五颜六色的蔬菜，怎么能放过呢！

既然有水果干，那么干燥的蔬菜呢？没错！蔬菜比你想象的还要五彩缤纷。

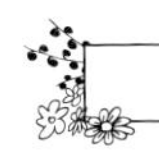

图解

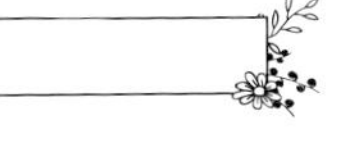

花材

PICK UP

萝卜

萝卜皮是紫红色的，而果肉是白色的，对比鲜明的颜色正是它的魅力所在。干燥蔬菜都很容易漂浮起来，这次是用塑料板来进行固定（参考P32）。

这些植物也能做浮游花!

制作浮游花的素材并不局限于市面上销售的保鲜花和干花。

选择你感兴趣的植物，制作有自己风格的作品吧!

据说能够召唤幸福的

槲寄生浮游花

杂草、蒲公英、稀有树果

有些植物形态奇特，有些植物自带典故，可谓大有文章。利用植物的个性来制作浮游花作品，也是非常不错的选择。哪怕是路边的杂草，也能作为素材。甚至无法定型的蒲公英，也能采用。而那些带着吉祥寓意的植物，作为礼物送人是最好不过了。

槲寄生是圣诞节常用的装饰材料，关于它，有一个非常浪漫的圣诞传统，即“槲寄生下的亲吻”。带着这些美好的想象，把圣诞节记录在玻璃瓶中吧。

把络石与杂草

“封印”起来

（左）从上往下依次是绣球、散步途中偶然发现的杂草和带有柔毛的络石。（右）络石优美的柔毛在油中漂浮，仿佛飞舞在空中。

只要将素材进行干燥处理，就能做成浮游花。

旅行时偶然看到的植物、散步时发现的形状特别的植物，都能带回家做成属于你的原创作品!

把蒲公英做成

浮游花

不让柔毛飞散的小技巧

①开花后，在花萼处能看到少量柔毛时将其剪下，茎要留几厘米。

②把①中的花茎插进吸水海绵里，等待几天。

③产生柔毛后，用加固型的发胶将柔毛固定。

④把蒲公英放进大瓶口的玻璃瓶里，注入油，浮游花就完成了。

Chapter 5

美景篇

封存让人心情舒畅的山野美景

除了市售的花材，附近的公园里、散步的小路边也有很多“宝藏”。
把大自然馈赠的宝藏做成浮游花吧！

Natural

1

藤蔓交织的山之美

收下秋天带来的小小礼物

藤蔓植物，其原本的姿态就十分美丽。不需要多余的加工，干燥后放入瓶中，倒入油即可。

图解

花材

PICK UP

南蛇藤

初看是黄色的果实，切开果肉，就会露出红色的种子。自然风干后，就能成为制作浮游花的好素材。

Natural

2

充满个性的树果特辑

果子上浮的样子可爱有趣

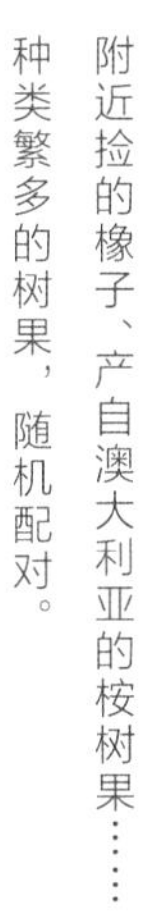

附近捡的橡子、产自澳大利亚的桉树果……

种类繁多的树果，随机配对。

图　解

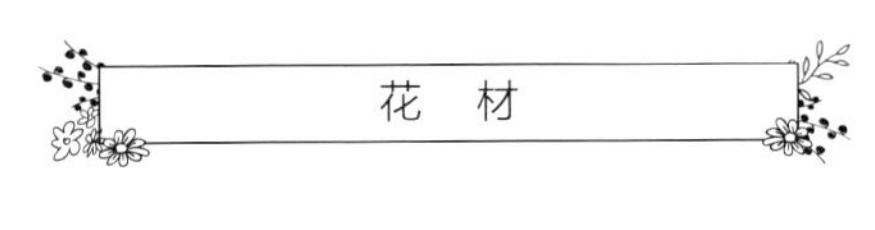

PICK UP

桉树果

除了图中的纽扣形，还有细长形、球形等各种形状。果子尺寸都不大，可以轻松放入普通规格的玻璃瓶中。还有带枝叶的果子，别有特色。

Natural

3

植物标本 呈现素材原貌的深褐色

最大限度发挥直长形玻璃瓶的优势

有些植物，虽说不上显眼，但稍做搭配，也能很美！搭配经典的流苏，浑然一体。

图解

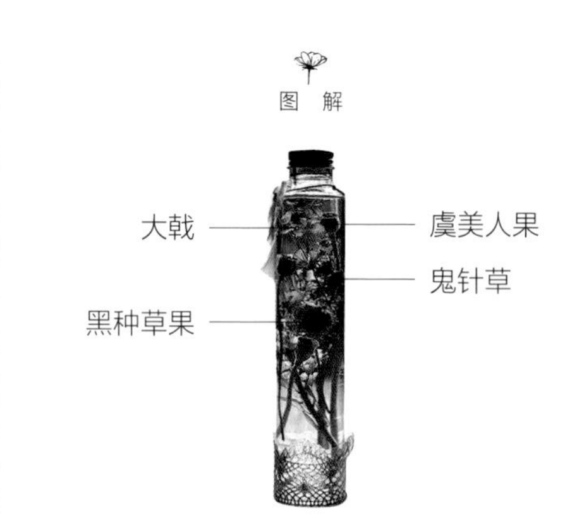

花材

PICK UP

虞美人果

虞美人的果实。奇特的形状有着强烈的存在感。自然风格也好，异国风情也好，它都能成为主角。但某种程度上又非常朴素。

Natural

4

不起眼的素材做成的小小原野油灯

控制用量，巧妙留白

常作为阻挡用花材或背景的满天星，或是多余的孔雀草，只需一点点，放在油灯中竟有如此妙用。

图解

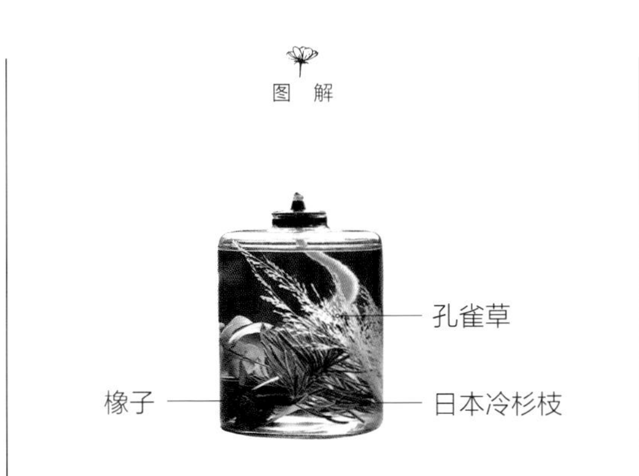

图解

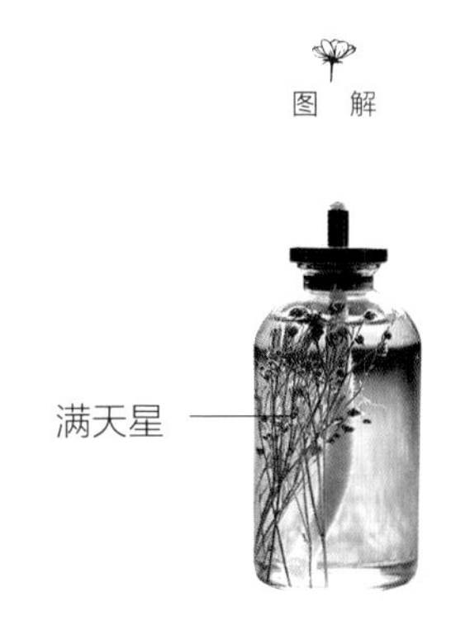

Natural 5

玻璃瓶中的小型花园

用瓶子保存美妙瞬间

在底部的冰岛苔藓上种上朵朵细碎的小花。稍稍倾斜布景，作品就完成了。仿佛在空中摇曳一般，充满动感。

图 解

花 材

PICK UP

石南茶

小小的像棉絮似的白色花朵，和深绿色的茎叶互相映衬，在油中自成一景。能轻易通过普通规格的瓶口，非常容易上手。

Natural

6

像野草一样恣意生长

自由伸展枝叶的植物

这次的主角是各种枝叶。饰球花和拟鼠麹草等花材只能低调地做一回陪衬。

花 材

PICK UP

饰球花

圣诞节主题的常见花材。圆润可爱的花形也适用于一年四季的各种主题。锯齿形的叶子也能用来阻挡容易上浮的素材。

Natural

7

让人联想到晚秋山野的浮游花

双色搭配体现自然感

深褐色的虞美人果和暗红色的莳萝木组合在一起，不禁让人联想到晚秋山野美景。

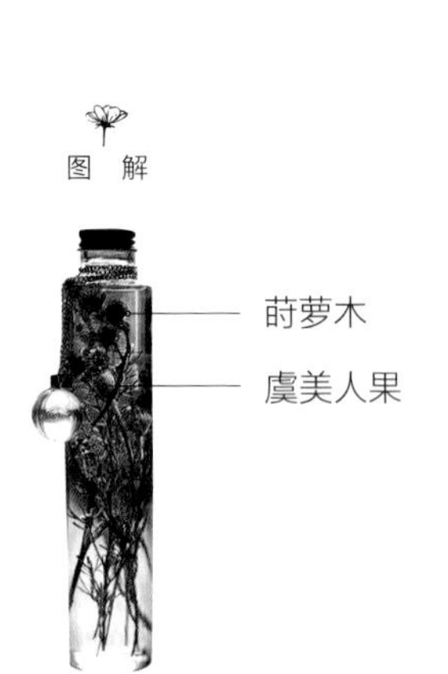

花　材

PICK UP

莳萝木

原产于澳大利亚的花材。原本的花色为银白色，多被染成蓝色、胭脂红色、绿色等各种丰富多彩的颜色。

Natural 8

高贵典雅的大地色浮游花

枯萎也是一种别致的美

这件作品以枯萎的绣球花瓣为代表，精心挑选一系列颜色较暗的花材。不存在主配角，而是一个互相衬托的、气质高雅的组合。

图解

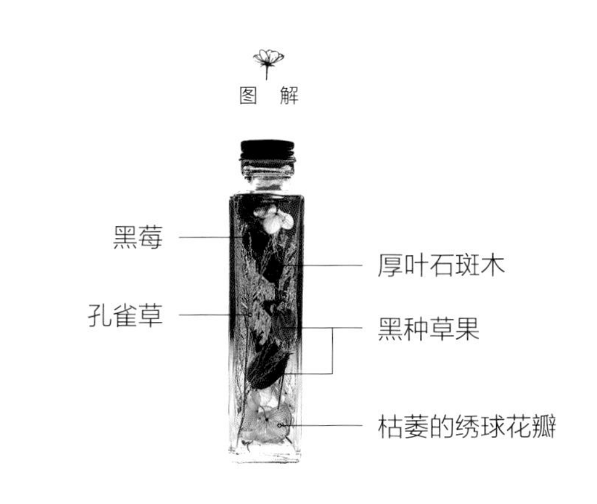

PICK UP

黑种草果

黑种草的果实。像气球一样圆鼓鼓的，造型十分独特。为了防止它上浮，可将其切开一个小口。

把大自然的馈赠做成浮游花吧！

山是植物的宝库，枝、叶、花、果，应有尽有。

并且，在每个季节它都会带来特有的礼物。

如果附近没有山，那就去公园逛逛吧。

把目光投向身边的植物

说起浮游花的素材，我们身边就有很多。树林、原野、田边……不论身处何地，环视一下，就会被周围丰富多彩的植物所吸引。

只要不是禁止采摘的场所和品种，就试着带一些回家，制作浮游花吧。

城市中也一样，有春花盛开，有秋叶飘舞……每个季节都有不同的美与素材。

某座山秋日的馈赠

品种繁多的树果、美丽的红叶、藤蔓……干燥后，都能成为浮游花的素材。

橡子做的浮游花

不用长途跋涉去山里，在公园或者路边绿植带就能采集得到。将橡子塞满果酱瓶即可。

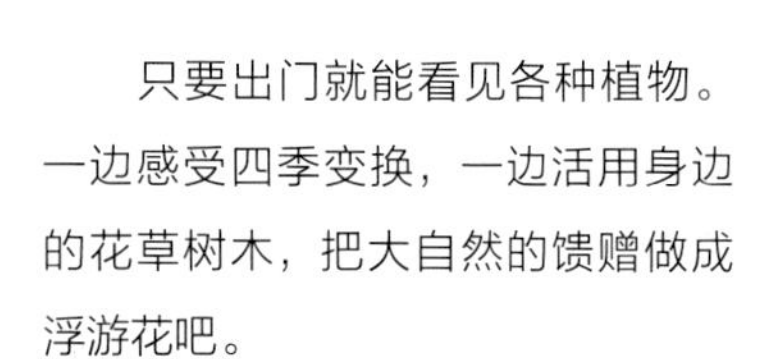

把山里采摘到的宝藏全都装进瓶中吧！

在日本奈良县的生驹山采到的“来自大山的礼物”。这种大颗的果实叫王瓜，对半切开，取出果核，然后风干即可。

山百合果

不仅山里有，田间路边也有自然生长的。

结香果

在野树林和庭院里，还有公园的小树林里都很常见。

枫香果

枫香树常作为行道树或者公园绿植，在树下找找吧。

橡子

根据树的品种不同，橡子的形状也有所不同。图中为小叶青冈的果子。

夜叉五倍子果

原产于西日本的落叶植物，也作为绿化植物种植。

王瓜果

一种缠绕着草木生长的藤蔓植物。到了秋天，会结出5~7cm长的果实。

蔷薇果

自然生长在山野中的野蔷薇在秋天结出的小小果实。

日本落叶松松果

3cm左右长的松果，娇小可爱，用来制作浮游花，尺寸刚刚好。

只要出门就能看见各种植物。一边感受四季变换，一边活用身边的花草树木，把大自然的馈赠做成浮游花吧。

Chapter 6

色彩篇

选择喜欢的颜色，享受浮游花的乐趣

浮游花浸于油中，其一大特征就是使素材的颜色清晰可见。因此，素材的配色十分重要。试着挑战以色彩为主题的作品吧。

Color
1

红

RED

与生俱来的主角。作为强调色，也效果拔群。

1. 苹果 /2. 辣椒 /3. 菝葜

Color
2

粉

PINK

给人温柔、娇俏、柔软的感觉。像是为女性而生的颜色。

1. 鳞托菊 /2. 秘鲁胡椒木 /3. 满天星 /4. 千日红

Color
3

蓝

BLUE

清凉的颜色，也是理性的象征。是适合夏天的冷色系代表色。

1. 绣球 /2. 翠雀 /3. 满天星 /4. 青苔

Color
4

绿

GREEN

展现植物的生命力，也是治愈心灵的大自然的颜色。

1. 绣球 /2. 桉树叶 /3. 满天星

Color

5

黄

YELLOW

春夏的代表色，如太阳一般闪烁着耀眼的光芒。

1. 蜡菊 /2. 秋英 /3. 万寿菊 /4. 绣球

Color

6

橙

ORANGE

吸收了红、黄之所长，明亮鲜活，好似洋溢着青春的气息。

1. 满天星 /2. 蜡菊

1. 圆锥绣球 /2. 海芙蓉 /3. 米花菊 /4. 千日红

Color *7*

紫

PURPLE

从蓝紫到紫红……像是一系列拥有各种表情的成熟颜色。

1. 大戟 /2. 黑种草

Color *8*

褐

BROWN

弥漫着典雅气质的大地色。

Color
9

酒红色

WINE RED

芳醇深邃的颜色，酝酿出成熟高贵的风情。

1. 千日红 /2. 东方虞美人叶 /3. 黑种草果

Color
10

金

GOLD

华丽又不失别致，象征着至上的高贵。

1. 山茶花果 /2. 八角 /3. 日本落叶松果

1. 绣球 /2. 拟鼠麹草 /3. 莳萝木

Color

11

白

WHITE

雪、婚礼，纯洁、广阔……白色蕴含着无限可能。

1. 橄榄果

Color

12

黑

BLACK

有着视觉收缩的效果，同时也有着无法撼动的存在感。品位高雅，引人注目。

Color

13

彩色

COLORFUL

单一颜色多么单调呀！收集各种美好的颜色吧。

1. 蜡菊 /2. 秘鲁胡椒木 /3. 绣球

Chapter 7

花材篇

浮游花的推荐花材

本章介绍的花材千万不能错过——由浮游花爱好者们评分选出的最佳“主角”“名配角”，还有无敌好用的各种花材。

Flower 1

迷你玫瑰

重叠繁复的花瓣打造出的这份华丽，简直无与伦比！

1.迷你玫瑰/2.绣球

评价表

购买途径	专卖店或者网购
上手难度	适合初学者
颜色多样性	多彩
印象	成熟、可爱、华丽
浮游花制作中的角色	主角

Flower 2

银荆

圆形小花仅仅放入数枝，就足够可爱！

1.银荆

评价表

购买途径	专卖店或者网购
上手难度	适合初学者
颜色多样性	有限
印象	可爱、早春
浮游花制作中的角色	主角、名配角

Flower 3

翠雀

花朵略显收敛，在油中会伸展开蓝色的花瓣。

1. 翠雀 /2. 满天星

评价表

购买途径	专卖店或者网购
上手难度	适合初学者 ※但要注意容易散落
颜色多样性	有限
印象	可爱、清凉
浮游花制作中的角色	主角、名配角

Flower 4

雏菊

乍看觉得花型过大不好处理，但其实能够轻轻松松放入玻璃瓶！

1. 雏菊 /2. 圆锥绣球

评价表

购买途径	专卖店或者网购
上手难度	适合初学者
颜色多样性	多彩
印象	可爱、自然
浮游花制作中的角色	主角

Flower

5

薰衣草

草本植物的代表。紫色的花朵，仿佛能闻见香气。

1. 薰衣草

评价表

购买途径	专卖店或者网购
上手难度	适合初学者
颜色多样性	有限
印象	清丽、自然
浮游花制作中的角色	主角、名配角

Flower

6

硬叶蓝刺头

既有野花的格调，又显得丰满不单薄。

1. 硬叶蓝刺头 /2. 银桦 /3. 绿干柏

评价表

购买途径	专卖店或者网购
上手难度	适合初学者
颜色多样性	有限
印象	野花、有存在感
浮游花制作中的角色	主角

Flower 7

绣球

有着透明感的小花，还能活用作阻挡花材。

1. 绣球（圆锥绣球）/2. 满天星

评价表

购买途径……专卖店或者网购
上手难度……适合初学者
颜色多样性……多彩
印象……成熟、可爱、透明感
浮游花制作中的角色……名配角、阻挡用花材

Flower 8

枯萎的绣球

自然枯萎的绣球拥有着与众不同的颜色。

1. 枯萎的绣球 /2. 喷泉草

评价表

购买途径……专卖店或者网购
上手难度……适合初学者
颜色多样性……有限
印象……成熟、自然
浮游花制作中的角色……名配角、阻挡用花材

Flower

9

秘鲁胡椒木

植物工艺中的常规花材，名副其实的人气品种。

1. 秘鲁胡椒木 /2. 绣球花 /3. 雏菊

评价表

购买途径	专卖店或者网购
上手难度	适合初学者
颜色多样性	多彩
印象	可爱、自然
浮游花制作中的角色	主角、名配角、阻挡用花材

Flower

10

蜡菊

花瓣具有光泽感，在油中特别"上镜"。

1. 蜡菊 /2. 满天星 /3. 拟鼠麹草

评价表

购买途径	专卖店或者网购
上手难度	适合初学者
颜色多样性	多彩
印象	可爱、醒目
浮游花制作中的角色	主角、名配角

Flower 11

满天星

不仅可爱，纤细的枝条也是优秀的阻挡用花材！

1. 满天星 /2. 拟鼠麹草

评价表

购买途径	专卖店或者网购
上手难度	适合初学者
颜色多样性	多彩
印象	可爱、低调
浮游花制作中的角色	名配角、阻挡用花材，也可作为主角

Flower 12

飞蓬

古典又新颖，可爱又别致，而且颜色丰富！

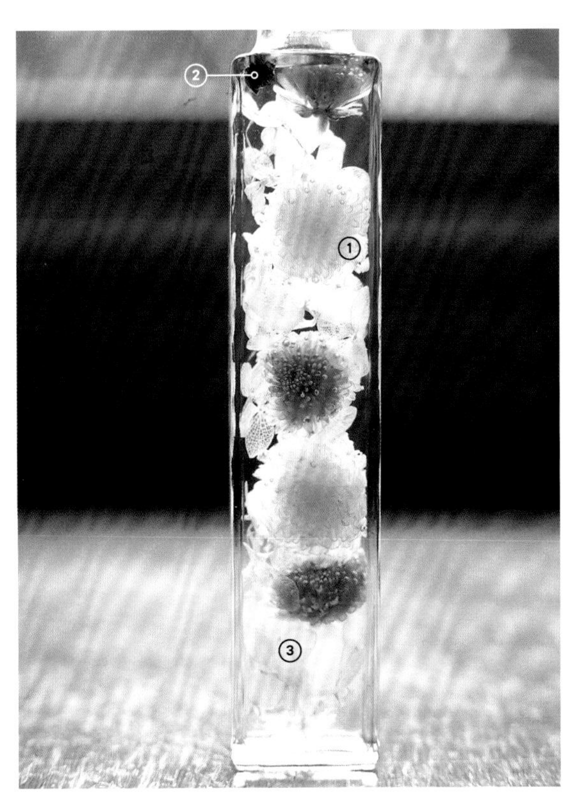

1. 飞蓬 /2. 千日红 /3. 绣球

评价表

购买途径	专卖店或者网购
上手难度	适合初学者
颜色多样性	多彩
印象	常规、可爱、和风
浮游花制作中的角色	主角、名配角

Flower
13

圣诞玫瑰

请务必将其加入展现成熟韵味的花材选购清单。

1. 圣诞玫瑰 /2. 冰岛苔藓

评价表

项目	评价
购买途径	成品较多，但花材流通较少
上手难度	适合熟练者
颜色多样性	有限
印象	成熟
浮游花制作中的角色	主角

Flower
14

万寿菊

是夏日太阳的颜色！很容易让人误以为是向日葵的大朵花轮。

1. 万寿菊 /2. 喷泉草

评价表

项目	评价
购买途径	专卖店或者网购
上手难度	适合初学者
颜色多样性	有限
印象	可爱、早春
浮游花制作中的角色	主角、名配角

Chapter 8

手作篇

使用干花和永生花的手作

尝试用浮游花制作其他手作吧！只要花上一小时就能轻松完成！

工艺

1

宛如植物制成的果冻
——植物凝胶蜡烛

拿在手里轻轻摇晃，里面的凝胶也跟着晃动……

这里所用的容器是在理科实验室常见的培养皿，更加凸显了凝胶的透明感，从上方观赏也很有新意。

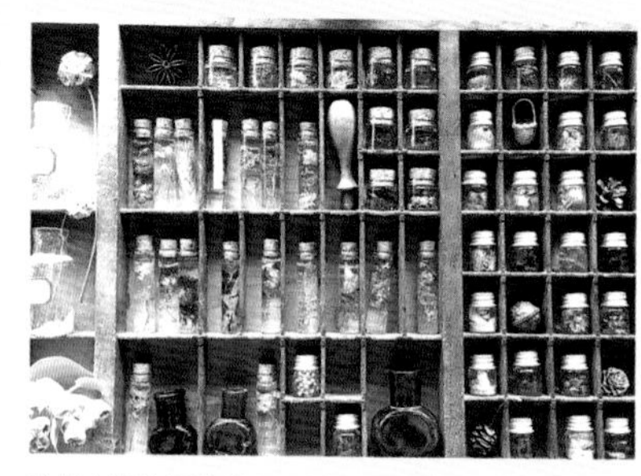

这是小瓶的浮游花吗？其实是将植物凝胶蜡烛固定后的作品。把植物凝胶蜡烛作为墙上的装饰物，排列整齐，就像珍贵的收藏品。

容器需要透明且耐热，形状和大小均可自由选择！

植物凝胶蜡烛和浮游花一样颇具人气，它们的共通之处就在于透明感。

植物凝胶蜡烛点燃后，凝胶熔化，里面的花也可能会被点燃。这里我们介绍的是指不点燃、仅作为观赏展示用的植物凝胶蜡烛。

植物凝胶蜡烛由于它果冻状的固体形式，即便倒了也不会泼洒，不需要像浮游花那样密封；也不需要费心挑选装饰的地方，随便放在哪里都是一幅美景。作为室内装饰品，可以说是非常优秀了。

透明感是它最大的魅力！
植物固定在了凝胶内部，就算装饰在墙面上也没有问题。

【材料】
- 喜欢的花材、水果，或者其他素材
- 凝胶蜡适量
- 凝胶蜡烛专用芯
- 香薰油
- 耐热玻璃容器

STEP 1 准备素材

用剪刀修剪素材。这样即使素材贴着容器的侧面，也显得美观。

素材不能接触到蜡烛芯。将素材剪成适当的大小，以防止露出。

STEP 2 熔化凝胶蜡

把凝胶蜡放进锅里，水浴加热，不停搅拌，直到凝胶蜡彻底熔化。

等凝胶蜡温度降到70℃左右时，滴入喜欢的香薰油（大约10滴即可），让凝胶蜡附带香气。

STEP 3 注入少量的凝胶蜡，等待凝固

在容器底部注入约1cm的凝胶蜡，等待其凝固。

剪一段约瓶身高的蜡烛芯，插到凝胶底部中央。

STEP 4 布置素材

素材的正面朝向外侧

沿着容器内壁布置素材，素材的下部埋入凝固的凝胶蜡里。

STEP 5 倒入凝胶蜡

缓缓注入，避免产生气泡

素材布置好后，再从上方慢慢地注入凝胶蜡，尽量不要让素材产生移动。

STEP 6 调整位置

彻底凝固以前，尽快进行调整

在凝胶蜡彻底凝固前进行最终调整。用筷子等工具，调整素材的平衡。

STEP 7 等待凝固

放在水平面上

静置一段时间，等待凝胶蜡凝固。气泡一般会自然消失，如果有残留的气泡，用明火加热附近的容器壁，气泡就会消失。

工艺

2

以零失败的简单技巧制作植物蜡烛

外形典雅的白色蜡烛里，花儿若隐若现。可以取代鲜花成为桌面饰品的主角。

＼ 强烈推荐的押花蜡烛！ ／

多彩的三色堇，以白色蜡烛为基底，美得像一幅画。

大朵的圣诞玫瑰，多么华丽！在庭院里采上几朵，摘去花柄，装饰在周围即可。

肉眼可见的存在感！装饰数支同款蜡烛，更能彰显其存在感，赢得宾客的赞美。

厚重感是植物蜡烛最大的魅力

与凝胶蜡烛的轻巧透明相比，植物蜡烛多了一份厚重感，而正是这份厚重感，让植物蜡烛成为室内装饰单品中的主角，活跃在桌面上。

制作植物蜡烛时经常能听到这样的烦恼：“花材总是往下沉，不好固定。”下面就介绍一个能改善这种问题的简单方法。这个方法同时还能防止花材被点燃，这样，植物蜡烛就可以放心燃烧了。

另外，不光干花，使用压制标本制作的植物蜡烛也非常出彩。把植物排布在白蜡表面，十分醒目。

在中心埋入蜡烛，素材就不会下沉，
整个侧面都很好看。

【材料】
- 中意的花材，植物标本押花、永生花、干花均可
- 普通的白色蜡烛2~3根
- 较粗的蜡烛1根（比纸杯小一圈）
- 纸杯

STEP 1 熔化白蜡

折断白色蜡烛，水浴加热。

推荐用水壶做容器，便于倒出熔化后的白蜡。

小技巧

零失败的关键就是在中心放一根粗蜡烛

在纸杯中央放进一根粗蜡烛后，素材的摆放范围就被压缩了，从而难以移动。燃烧的也只有中心的蜡烛。

STEP 2 准备材料

干花、永生花均可

把花剪成你喜欢的形状。大朵的花对半切即可。

STEP 3 布置素材

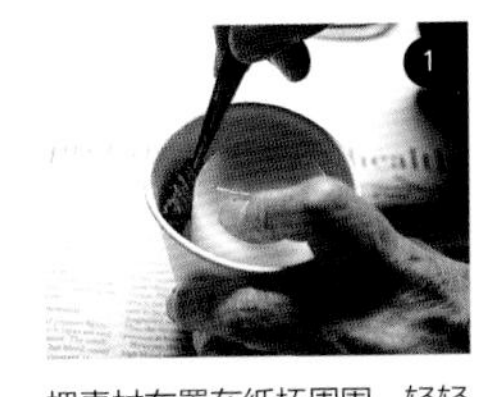

把素材布置在纸杯周围，轻轻抵入蜡烛和杯壁的空隙。

素材全部放入后的样子。素材间是否要留空隙可凭自己喜好决定。

STEP 4 注入白蜡

为了防止白蜡飞溅，在纸杯下面垫一个盘子。一边慢慢旋转，一边从边缘注入白蜡。

随着蜡的注入，整体都会略微下沉。要考虑到下沉的部分，将蜡注满纸杯。

最后轻轻压紧纸杯，挤出空气。等待冷却即可。

蜡烛的表面花朵清晰可见！

工艺

3

封存自然的芳香——蜡香囊

凝固后的蜡香囊干燥又坚固，平摆或者挂起来均可。除了石蜡，还可以使用蜂蜡和豆蜡等。

在蜡上布置花材非常便于设计

蜡香囊是一种将素材布置在蜡里，且充满香气的手工作品。前面介绍的植物工艺，都是把素材封入内部，而在蜡香囊中，素材外露，显得更加立体。

使用石蜡或者豆蜡，做出来的就是白色的蜡香囊，用蜂蜡就是下图中的黄褐色蜡香囊。制作蜡香囊既可以保留素材天然的颜色，也可以进行染色。选择专用的染色剂，或者能溶解于蜡中的蜡笔和口红都可以。

1. 简直就像奶油蛋糕！——以石蜡做基底，上面点缀的朵朵花材，看起来像草莓一样诱人。2. 作品的主题是“草本和香料”。与香蜡的香气一起，谱成芳香的多重奏。

使用硅胶模具，操作更简单！
还能做成窗帘挂钩装饰。

【材料】

- 喜欢的花材或水果
- 适量蜡（这里使用的是蜂蜡）
- 喜欢的香薰油
- 硅胶模具
- 挂坠绳子

STEP 1 准备素材

根据模具进行设计

观察模具的形状，思考布局，然后剪切素材备用。

STEP 2 熔化蜂蜡

水浴加热熔化蜂蜡。熔化蜂蜡会比熔化凝胶更费时间，请耐心等待。

蜂蜡熔化后，滴入 10 滴左右喜欢的香薰油。注意蜂蜡原本就有香气。

STEP 3 倒入模具

倒入的蜂蜡要比模具边缘低一些

将蜂蜡倒入模具。因为放入花材后，蜂蜡平面会稍微上升，因此倒入的蜂蜡要比模具边缘低一些。

STEP 4 布置素材

在蜂蜡凝固之前，尽快放入素材。把尺寸较大的素材布置在下方，这样构图会更加平衡。

布置完后，素材的一部分会自然沉入蜂蜡中。等待蜂蜡凝固。

小技巧

在凝固前可以用牙签进行微调！

蜂蜡凝固之后，里面的素材无法再移动。因此，需要进行调整的话，必须抓紧时间。

蜂蜡彻底凝固后，作品就完成了。可以挂在门把手上，或者用来做窗帘挂钩装饰。装饰在空气流通的地方，香气更容易飘散开来。

其他多样的设计

巧克力色的香囊，和情人节更配哦！

用染色剂把蜡染成巧克力色，再加入巧克力气味的香料，几乎可以以假乱真。

主 题

有干花就能尝试各种各样的工艺

干花的一大优点，就是既可以作为装饰品，还可以进行创作！

在室内装饰上花材，接下来就交给风和时间。

干花是手工爱好者的必备品

干花有着异于鲜花的魅力。它比鲜花更长久，拥有独特的质地，因此，能广泛运用于各种手工工艺当中。

干花不仅仅是编花、花环素材的必备品，在其他植物工艺中也有很多的可能性。滴上几滴香精油后，还能增加芳香。

常有人说："任何花都能做成干花。"确实如此。制作的方法除了最基本的悬挂式、简便的微波炉加热法，还有使用干燥剂的办法。

用微波炉轻松制作干花

把花放在焙烤盘上，放入微波炉加热约1分钟，观察情况；若还有水分，就再加热30秒，直至彻底干燥，干花就完成了。

※稍一疏忽花就可能会被烤焦，因此请勿离开。完成后，把花放入装有干燥剂的瓶子中保存。

干燥中的花束，也能作为室内装饰品

1. 初夏是制作绣球干花的季节。剪切花材时，留下花朵下方 2~3 节处的新芽。2. 干燥的方法就是把花倒挂在通风良好的地方，仅此而已。如果在不通风的室内，就挂在空调出风口附近。3. 鲜花的花束直接倒挂，就能做成干花。可以挂在玄关的内侧。

干花插花

1. 在玻璃缸里制作的干花插花作品。稍微装点一番后加入香精油，就能做成简单的百花造型。2. 在水槽形状的长条钢管中，铺上大量花茎较短的干花，直到满溢出来为止。可以装饰在窗边或是餐桌上。3. 同样是插花，放入藤编的篮子里，就多了一份朴素之美。只需要满满地插上小朵的花，就很清新、好看。

干花花环

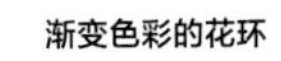
渐变色彩的花环

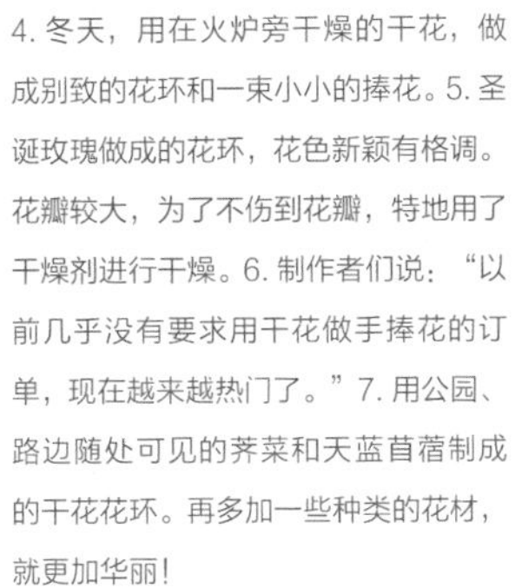
4. 冬天，用在火炉旁干燥的干花，做成别致的花环和一束小小的捧花。5. 圣诞玫瑰做成的花环，花色新颖有格调。花瓣较大，为了不伤到花瓣，特地用了干燥剂进行干燥。6. 制作者们说：“以前几乎没有要求用干花做手捧花的订单，现在越来越热门了。”7. 用公园、路边随处可见的荠菜和天蓝苜蓿制成的干花花环。再多加一些种类的花材，就更加华丽！

干花宝盒

海绵按照盒子的形状修剪，铺在底层；干花修剪成合适的高度，然后满满地种上；再滴入几滴喜欢的香精油，干花宝盒就做好了。

保存干花最重要的一点就是防潮！
在容器里放入干燥剂即可。

干花顶灯

用胶水在气球表面贴上剪碎的报纸，底部预留4~5cm。胶水干后，戳破气球，留下一个球形的轮廓，再贴上绣球的花瓣，灯罩就做好了，里面放入LED灯，就是绝美的干花顶灯。

早春的小礼物！

上 / 把银荆和迷迭香装进小瓶中，就是一份小小的礼物。取下软木瓶塞，就能感受到清香扑鼻。

右 / 在干花上滴上数种不同的香精油，稍微混合一下放入瓶中，静置一段时间，简易轻巧的"百花香"就完成了。

只需要一个小瓶子！

裁剪一块比刺绣框大 3cm 左右的布，夹住后将多余的布缝进内侧 1cm 处。设计好干花的构图，然后从下往上，用胶水将干花粘在布上。

刺绣框里的花艺

蜡烛 · 香囊 · 花膏

上 / 植物蜡烛、蜡香囊的制作少不了干花。制作方法请参考 P88~91。圣诞节的作品就采用红绿搭配的代表色吧。

左 / 用蜂蜡制作的蜡香囊。另外，蜂蜡熔化后，混合等比例的荷荷巴油可以做成唇膏，加入 4 倍量的荷荷巴油就可以做成护手霜。

主　题

巧用押花艺术，制作植物贴纸

小的时候，摘了野花制作押花的画面还历历在目。

如今长大了，何不尝试一下制作高阶版的押花作品！

用家中的材料即可轻松完成

押花作品，用小朋友做手工的方法就能完成。即便没有特别的素材，也没问题。

先用能吸水的纸（报纸也行）两面夹住花材，然后压上字典之类的重物，放置数日，待彻底压扁、干燥之后，就做好了。

有凹凸纹路的纸，容易在花材上印出痕迹，请避免使用。

在外文报纸上放上做好的押花，就显得很有异国风情。如果是可食用的花材或者香草香料，还能装饰在饼干等点心上。

押花作品的简易制法

①花材平放在两张纸巾上。

②在花材上再盖两张纸巾。

③用报纸从两面夹住花材，上面压上厚书等重物。

④放置1~2日，不用动它。

⑤保持纸巾和花原样取出，用熨斗低温熨烫，去除水分。

庭院里盛开的花，或是路边悄悄开了花的野草，都是很好的素材。设计一番构图和布局，再标注植物的名称，就成了“我家的植物标本”！

由于花材是扁平的，所以可以像贴贴纸一样布局版面。可以做成花束，也可以尝试原野风……英文书、乐谱、塑料板都可以作为背景，作品的画风随着背景的变化而变化，这也是押花制作的一大乐趣。

押花留言板

用丙烯颜料给木板染色，干燥后再涂上一层防水漆。用胶水粘上押花花材，胶水干燥后，再用与木板同色的喷漆轻轻喷一遍。

乐谱上的草本植物

把各种各样的草本植物做成押花。贴在泛黄的乐谱册上，摆出跳舞的造型，一件浪漫、有情调的室内装饰品就完成了。

艺术框

准备一个有两层玻璃的画框。先在一面玻璃上涂上胶水，用牙签仔细地铺上花材。胶水干燥后，再压上另一面玻璃。装饰在避光处。

蜡香囊・蜡烛

用押花花材制作植物蜡烛的方法：用热熨斗把花材压在蜡烛的侧面，再涂上一层薄薄的蜡。

专栏

浮游花会逐渐褪色

浮游花虽然不会很快褪色，但随着时间的流逝，花和叶子的颜色还是会慢慢褪去。

这又何尝不是一种美呢。

制作后一年的浮游花。

爱上会变化的它

浮游花的热潮兴起不过数年，岁月到底会给浮游花带来怎样的变化，还未可知。现在能确定的有一点，就是浮游花是会褪色的。

这是一件一年前的浮游花作品，旁边的花环也可以作为干花褪色的样本参考。

桉树叶原本的淡绿色已经完全不见踪影。而象牙色的满天星，则感受不出很大变化。

褪色之后的浮游花展现出了另一种魅力，又是一种独特的画风，是在市面上买不到的无价之宝。试着制作一件作品，感受浮游花随着年月变化的美吧。

一年后的花环。

刚做好的花环。

观察同一个花环的变化就一目了然了。色泽淡了下去，颜色融为了一体。

这也是制作后一年的作品。

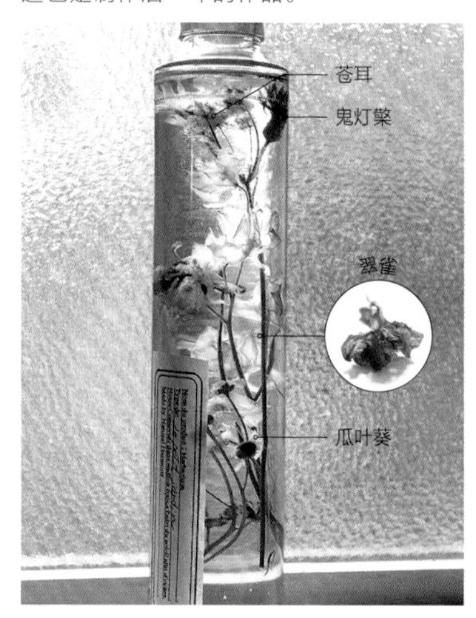

蓝色的翠雀和粉色的鬼灯檠保留了部分颜色。而瓜叶葵的黄色花瓣，则已经完全褪色了。

Chapter 9

技巧与学习篇

关于油和一些装饰的小技巧

本篇介绍制作浮游花必备的知识，还有来自浮游花制作名家和花材专家分享的小技巧。

【浮游花的知识点】制作浮游花，学习植物学历史

作为时尚美观的室内装饰品而备受关注的浮游花，其实原本是植物学的研究用资料。

由浸液标本衍生而出的植物工艺

原本是作为学术资料，特别是浸液标本使用的浮游花也算是一种植物标本，只不过不像同为标本的押花那样广为人知罢了。关于植物标本保存，有这样的描述，“以 70% 的酒精作为保存液”“液体不要注满，以植物完全浸没为准”“为了防止液体蒸发，必须密封”等。

本篇以此标本制作方法为基础，分享一些使用市售浮游花油制作植物工艺的方法。

知识点 2

浮游花油的秘密

【浮游花的知识点】

浮游花最大的特征就是会用到油。如果能掌握油的特性，浮游花制作的乐趣定能加倍。

液状石蜡和硅油的特征

现在市售用来制作浮游花的油主要有液状石蜡和硅油两类，均为无色无味的透明液体。

液状石蜡又叫白油，可作为工业精密机器的润滑油，也能用作化妆品的原料。药用液状石蜡则是外敷药膏的基质，还能用于制作灌肠剂，安全无害。

但在环境温度接近0℃时，液状石蜡会开始泛白，变得浑浊。因此住在寒冷地区的读者，制作浮游花时需要注意。浑浊后的液状石蜡回到常温后，又能变得透明。

硅油作为润滑剂和涂料十分有名，并且零下40℃都不会浑浊，寒冷地区的制作者也可以放心使用。只是，价格上比液状石蜡贵。

如果分不清是液状石蜡还是硅油，可以把油倒进小瓶子里，在冰箱里冷冻一晚上。变浑浊的是液状石蜡，依旧透明的就是硅油了。

浮游花实验室

左图用颜料（在素材上加颜色）作为染色剂。右图使用了油性染料（将素材本身染色），素材较容易掉色。

用油性染料染色的素材在制作浮游花3天后的状态。液状石蜡的那一瓶，素材的褪色更加明显。

提前掌握浮游花油的处理方法，让制作过程更舒心

按喜好选择不同黏度的油

黏度是选择油的关键要素。没有规定某种花需要使用特定黏度的油，按自己喜好选择即可。还有一点需要了解的是，温度下降，油的黏度会上升。

●黏度低

· 液体很稀，可以轻松注入瓶中；

· 注入油后，晃动瓶身，花材会跟着摆动；

· 制作过程中，花材容易移动，因此需要一些小技巧。

●黏度高

· 油越是黏稠，注满就越花时间；

· 即便晃动瓶身，里面的花材也不太会跟着晃动；

· 因为花材不太会移动，所以比较容易实现设计好的构图；

· 适合圆形的瓶子，作品在移动过程中，就算有晃动，构图也不会被破坏。

关于浮游花油要牢记的 4 个要点

1. 不要把硅油和液状石蜡混到一起

一旦混在一起，就会浑浊，并且无法恢复透明清澈。在硅油里放入用石蜡固定的永生花，也会产生一样的后果。

2. 油不要加太满

看下图（右）中的实验就一目了然。尤其是瓶口部分较细的瓶子，更加容易发生这种情况。

3. 不要将油直接倒入下水道

详情参照下一页。

4. 制作油灯请选择专用油

硅油不容易燃烧，高黏度的液状石蜡不容易被灯芯吸收，也不容易点燃。低黏度的液状石蜡虽然能被点燃，但燃烧会有黑烟产生。所以，请购买油灯专用油吧。

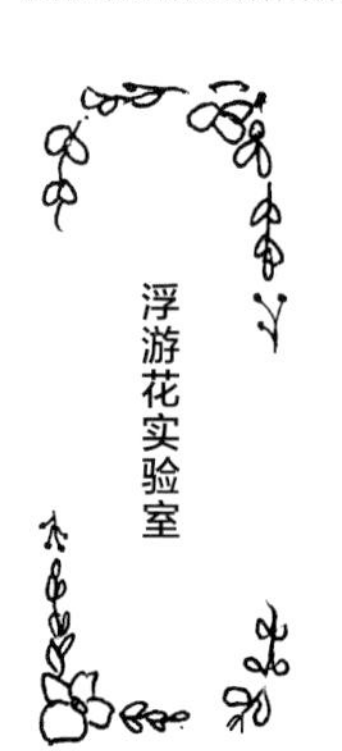

液状石蜡在低温下会变浑浊。

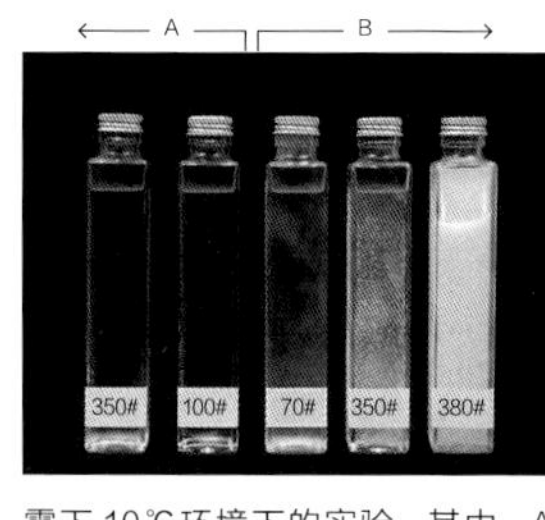

零下 10℃环境下的实验。其中，A 的两瓶硅油均没有泛白浑浊；B 中用的是液状石蜡，可以发现黏度越高，浑浊越明显。

环境温度改变，硅油的体积会有所增减。以 18℃时的硅油为基准，3℃时的硅油体积收缩，而 35℃时，硅油的体积则膨胀了。所以要避免把油注满至瓶口。

表 1　硅油和液状石蜡的比较

	硅油			液状石蜡	
价格	较高			较低	
处理方法	按可燃物处理			按可燃物处理	
黏度	超高黏度	高黏度	低黏度	高黏度	低黏度
危险品 / 非危险品 · 大量储存时需要报备有关部门 · 人多聚集场所需要申请带入许可	非危险品	非危险品	非危险品	危险品 （第四类第四石油类）	危险品 （第四类第三石油类）
闪点	300℃以上	300℃以上	300℃以上	220℃左右	200℃左右
比重	0.97 左右	0.97 左右	0.96 左右	0.88 左右	0.85 左右
浊点（倾点） · 浊点：开始浑浊的温度 · 倾点：开始凝固的温度	-40℃左右 （-50℃以下）	-40℃左右 （-50℃以下）	-40℃左右 （-51℃以下）	-10℃左右 （-21℃）	-10℃左右 （-24℃）

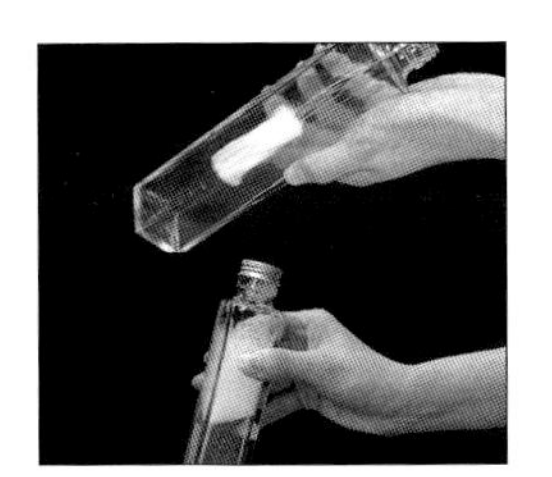

液状石蜡可以用家中的中性洗涤剂洗干净。硅油很难用家庭洗涤剂洗净，推荐使用专用的洗涤剂。

油的处理方法

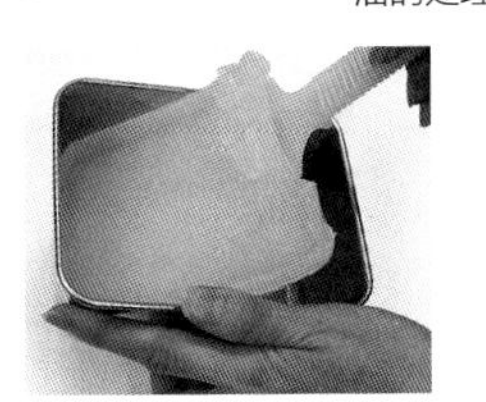

废弃的油用纸吸收后，再用专用的凝固剂凝固油。但是，硅油较难凝固。

用纸吸走油后，容易留下一层油膜，可以准备一张专用的垫子，垫在瓶口部分，为了防止液体漏出，要仔细地擦拭干净。

液状石蜡（A）和硅油（B）的油灯实验。液状石蜡油灯的灯芯会被点燃，但火苗大小会因黏度不同而变化，因此不推荐。

知识点 3

浮游花基础知识问答

【浮游花的知识点】

随着对浮游花了解的深入，疑问就不断冒出来。以下收集了制作浮游花过程中常见的几个问题，并邀请了日本知名浮游花专家进行回答讲解。

Q：为什么不能使用鲜花呢?

A：因为鲜花容易腐烂发霉。

花材中哪怕残留了一丁点的水分，也会腐烂，还会导致发霉。

使用干花、押花、永生花……总之，要彻底干燥了之后才能制作浮游花！图中为制作风信子干花的场景。

Q：我看到有的浮游花没有密封，这对里面的油没影响吗?

A：这种情况下最该担心的是油会不会洒出来。

没有密封首先应该担心的是油会不会洒出来。液状石蜡的话，可以用家庭洗涤剂洗掉，但硅油却不是能轻松去除的。尤其是沾在布或者绒毯上，不用专用洗涤剂几乎不可能洗掉。没有密封的浮游花瓶请千万要注意摆放的位置。

另外，油暴露在空气中可能会因为灰尘或者水汽而产生劣化。

Q：能给浮游花油染色吗?

A：液状石蜡可以染色。

在 P101 曾提到，液状石蜡非常容易溶解掉花材上的染色剂。但如果使用了水性染料的花材，因为油不溶于水这一性质，颜色就不会掉。

根据这个原理，请尝试用油性染料来作为油的染色剂。实际操作的时候，稍微加热油，染料更容易溶解。

硅油很难上色均匀，所以不推荐给硅油染色。

Q：我想放到网上卖，发货时一定要查阅 SDS 吗?

A：以防万一，请跟快递公司提前确认一下。

SDS 是指 safety data sheet，就是安全数据表。它能以书面形式证明物品的安全性，所以在油类的出售和运输中，经常被要求提交。

SDS 里记载了运输时的注意事项。比如是否属于国际航空运输协会（IATA）的《危险品规则》中列出的危险品等。

浮游花作品带进飞机或者船舶时，出示使用的油的 SDS，就能证明它不是危险品。但即便如此，还是存在寄航空件被拒绝的情况。所以，请务必事先联系快递公司进行确认。

如果零售店或者厂商提供的信息不够充分，可以要求他们补充提供。有的公司会把 SDS 公示在官网主页上。

Q：可以自己调整油的黏度吗?

A：可以尝试把不同黏度的同一种油混在一起。

有人做过尝试，把高黏度油和低黏度油混合，变成了中等黏度的油了。请确保使用同一种油，然后多加尝试吧。

高黏度的油很适合用在圆形瓶子里。根据油的黏度不同，作品的表现形式也有更多的可能性。

在灯泡形的瓶子中制作浮游花时，可能会难以做出预想的设计。使用黏度高的油，能让花材更“听话”。

Q：瓶中可以放塑料、金属或玻璃做装饰吗?

A：会有变质的可能。

浮游花的制作中一般没有预设放入塑料或玻璃的情况，因此不能断言。一般来说，无机物应该是没关系的。但有机物可能会出现问题。比如硅油厂商给的数据里，有塑料发生重量和体积变化、铁和铜变色的例子。除了为浮游花专用而研发的商品外，不能保证其他物品不会变质。

图中的陶制杯垫，是专门为浮游花而研发的。

手作 /

制作梦幻的浮游花灯

【浮游花制作小技巧】

热爱植物的人，通常也是油灯、蜡烛的爱好者。本节介绍一种两者兼备的植物工艺。

制作方法

修剪素材，至能够放入瓶中的大小。

把①中的花材放入容器，注入油。

插入灯芯。检查油有没有溢出或者洒出来。

不能使用一般的浮游花油，请认准油灯或者蜡烛的专用油

前文曾提到过，制作浮游花使用的油并不适用于浮游花油灯，因此，需要准备酒精灯或者蜡烛专用的油。

市面上有制作油灯专用的瓶子和灯芯组合出售，但我们只需要液体蜡烛专用灯芯，玻璃瓶可以随意搭配。安全起见，请选择不易摇晃的形状的玻璃瓶。

最后，有一点要引起注意的是，油灯点燃后油会慢慢减少，瓶中花材的构图多少会有些走样。这种情况，注入油又可以重复使用。因此，设计的时候最好选用不易变形的构图。

【浮游花制作小技巧】

配合单品更时尚！浮游花的装饰与搭配

虽然不加修饰的浮游花就已经很美了，但还可以锦上添花。

瓶身、瓶口都能成为放大作品魅力的点睛之笔

好不容易设计布局好的花，要是被遮住就太可惜了！装饰浮游花时最关键的要点，就是不要过分遮挡瓶中的“景色”。

所以，浮游花瓶身上的装饰品最好不要太多。贴贴纸也好，在瓶口系流苏也好，点缀一二即可。

如果装饰过于杂乱，会让人不知道往哪看。结果，瓶中的花材也被忽略，作品的品质也下降了。

【挂饰】 把标签或者流苏挂在瓶口就完成了。	【贴纸】 在瓶身上贴贴纸，或者在瓶盖上贴封缄纸。
【悬挂式】 挂在有光照射的地方，折射出日光彩虹。	【搭配鸟笼】 放在家中的鸟笼里，效果请看P109。

仅仅是挂标签，也有市售标签、厚纸剪裁的自制标签、布料标签、树叶等各种形式的标签。流苏也很受欢迎，试着做做吧。

喜爱的邮票、半截丝带、英文书的纸片……
看似无用的小物都能可爱变身！

瓶颈装饰自制丝带

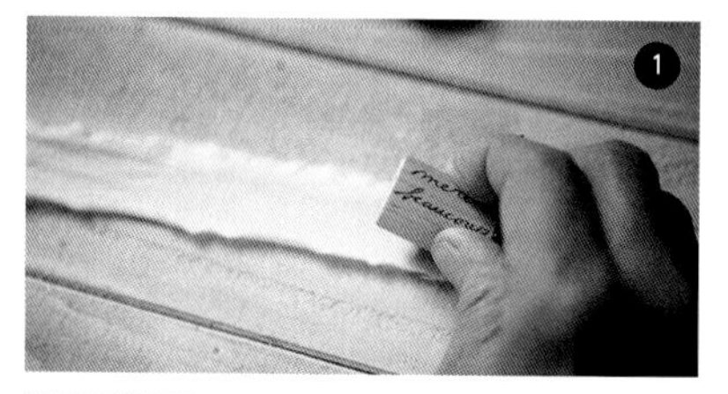

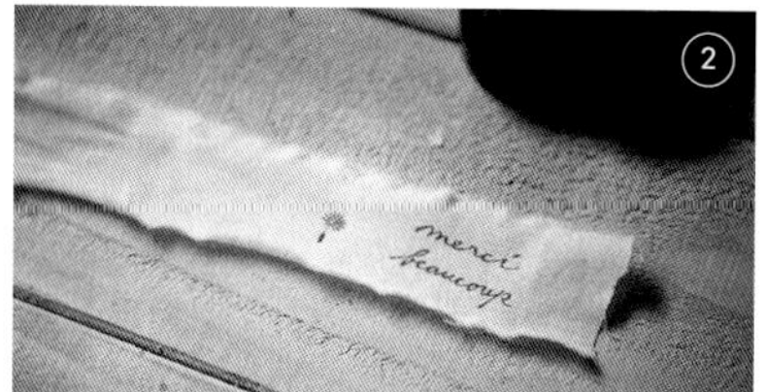

在丝带尾端盖一个印章。丝带系在瓶颈处，把盖有印章的部分调整到醒目位置。

把喜爱的邮票贴在瓶盖封口处。邮票要选择与作品风格相称的。

古典风贴纸

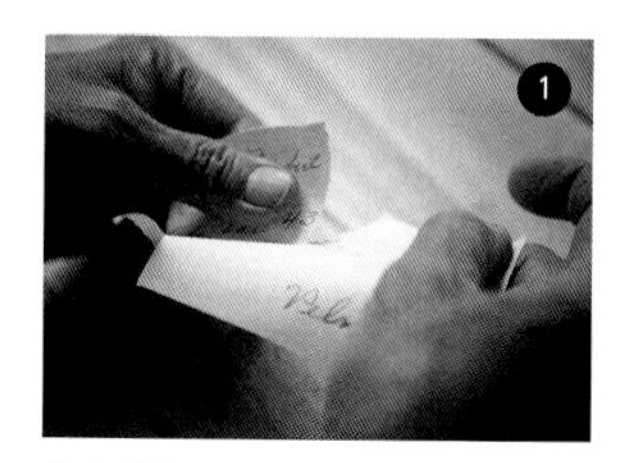

英文书撕下一片。

▼

准备红茶色的丙烯颜料，加入少量水稀释。

▼

在步骤①纸片的撕口处染色。粗略地涂抹即可。

▼

在染色部分干燥前，用纸巾稍微擦拭。

防潮液或工业胶水稀释备用。

▼

纸片翻面，涂上防潮液，不要留死角。

▼

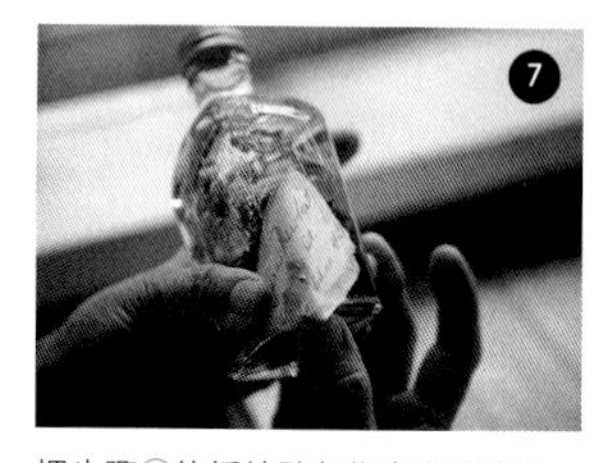

把步骤⑥的纸片贴在你喜欢的位置，压出空气。

▼

在步骤⑦的纸片上再涂一层防潮液。

还有更多衬托瓶中景色之美的小物件……
送礼必备！

贴贴纸

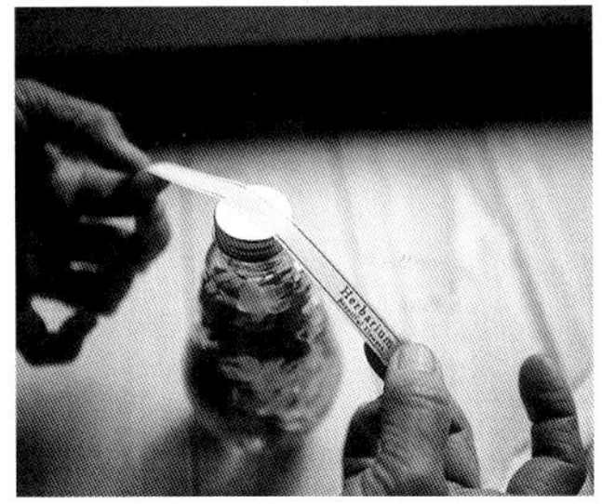

巧用封缄纸打造复古印象
所谓封缄，就是把封口盖上。不一定需要专用的封缄纸，只要是胶带形状的均可。

植物标本台纸打造学术风格
这种风格尤其适用于直长形的玻璃瓶。用标签纸也有同样效果。

用流苏做装饰

只需挂一个流苏，作品的味道就不一样了。流苏要选择与瓶中花材同色系的，更显精致。

鸟笼里

作为礼物送给亲朋好友吧！挂在窗边，就像诗中的画面。

微微摇动的悬挂式

花边的针织吊篮，装上浮游花瓶，摇摇晃晃。数个挂一排，甚是可爱。

桉树叶做标签

可以用未加工的树叶做标签，还能用油性笔在上面写点什么，或者标注植物名。

手作3

用玻璃瓶上的小设计制造浪漫

【浮游花制作小技巧】

精致典雅、华丽夺目的瓶身更加凸显植物的美。

使用了装饰玻璃用的贴纸和具有透明感的尼龙材料制作的作品。左边的作品，使用了雪花结晶形状的素材，营造出冬天的氛围。

从透明状态反其道而行之
让它绚烂，若隐若现

浮游花作品，一般使用的都是透明玻璃瓶。但是，这次要介绍的作品，从某种程度来说正好相反。这件作品中不透明的瓶子非但没有破坏作品想要展现的小小世界，反而还有附加效果。

操作过程很简单，只需要在玻璃瓶身上贴上素材，或者在瓶中放入素材即可。P7 右上和 P29 的作品，就使用了这个方法。

有一点仍需要注意，那就是不能修饰到完全看不到瓶子内部。如果看不到油中的花，那浮游花又如何能称为“浮游”花呢？我们想要打造的是“瓶子另一边好像有美景”“有一部分若隐若现难以看清”的效果。

特意选择色彩淡雅的花材，与瓶子上华丽的彩绘玻璃贴纸形成鲜明的对比。

玻璃装饰贴纸、彩绘玻璃贴纸、尼龙质地的薄纱……只要能透过素材看到瓶子内部就是完美的装饰！

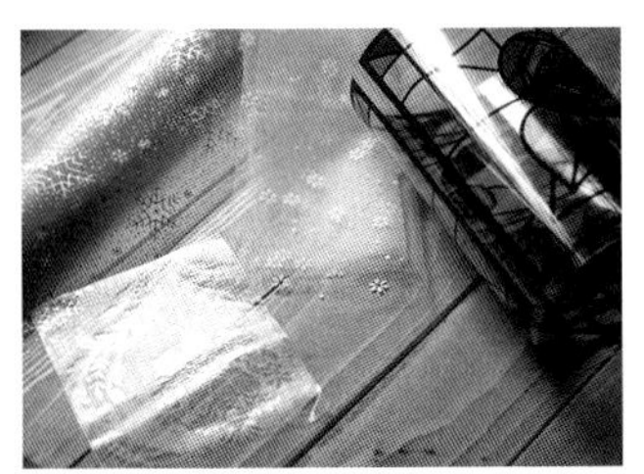

【材料】
玻璃装饰贴纸、彩绘玻璃贴纸。如果要使用布料的话，避开棉布之类的天然素材，推荐尼龙材质的薄纱或者欧根纱。

STEP 1 裁剪素材

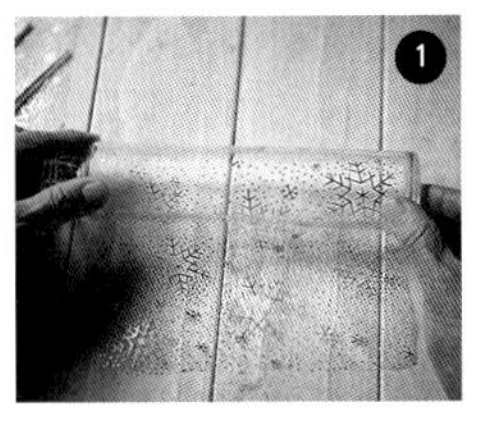

按照瓶子的高度裁剪贴纸。如果花纹是有方向的，请提前确认好花纹的朝向。

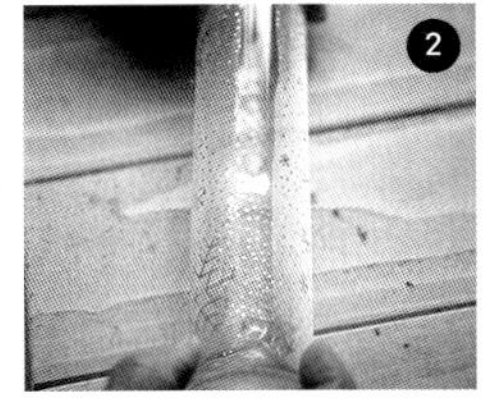

确定贴纸的宽度。把①中剪好的贴纸围着瓶身卷一圈，没有必要全部覆盖瓶身，选择你想要的宽度裁剪即可。

STEP 2 把素材放入瓶中

把剪好的素材卷到目测能通过瓶口的程度。要把素材的正面朝外。

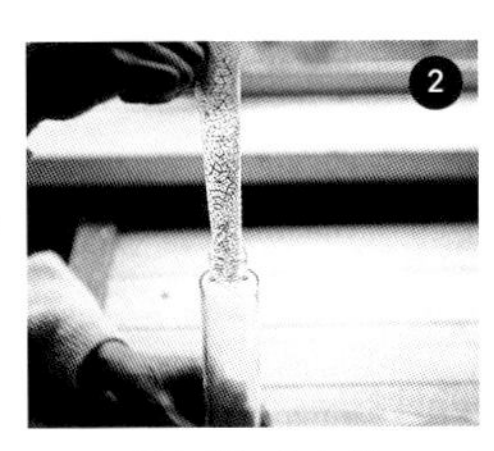

从瓶口放入卷好的素材。不需要像放花材那样小心翼翼，也不需要用镊子等工具。放到触底即可。

素材放好了

STEP 3 展开素材

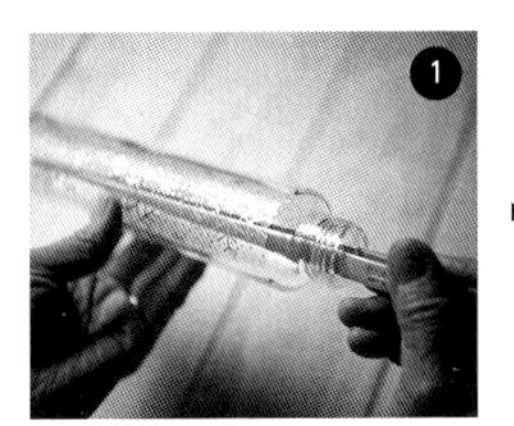

用镊子从瓶子内侧展开素材，使素材紧贴瓶壁。

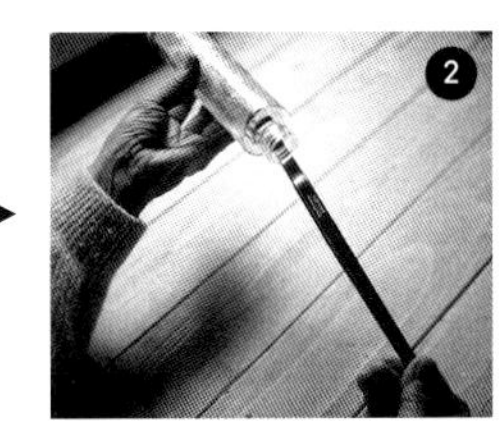

如果素材是薄纱或者欧根纱，用镊子背面整理，这样就不会勾住。

作品完成了！

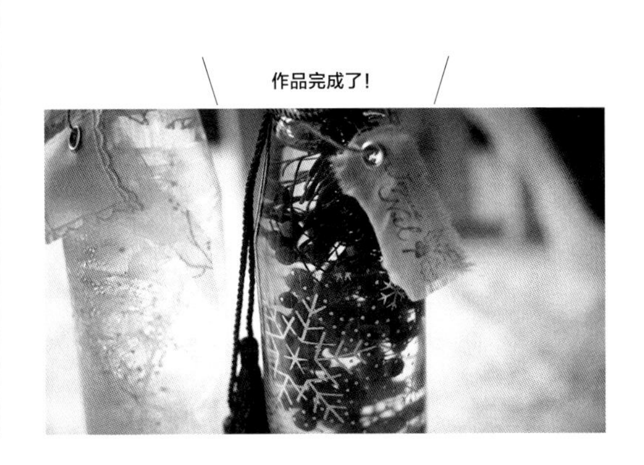

图书在版编目（CIP）数据

浮游花设计赏析 /（日）主妇与生活社编；裘寻译 .—武汉：湖北科学技术出版社，2021.4
ISBN 978-7-5706-1225-3

Ⅰ . ①浮… Ⅱ . ①日… ②裘… Ⅲ . ①干燥－花卉－造型设计 Ⅳ . ① TS938.99

中国版本图书馆 CIP 数据核字 (2021) 第026699号

浮游花设计赏析
FUYOUHUA SHEJI SHANGXI

责任编辑：魏　珩　张荔菲
美术编辑：胡　博

出版发行：湖北科学技术出版社
地　　址：湖北省武汉市雄楚大道268号（湖北出版文化城 B 座13—14楼）
邮　　编：430070
电　　话：027-87679468
网　　址：www.hbstp.com.cn
印　　刷：武汉市金港彩印有限公司
邮　　编：430023
开　　本：787 × 1092　1/16　7印张
版　　次：2021年4月第1版
印　　次：2021年4月第1次印刷
字　　数：110千字
定　　价：58.00元